会展建筑高效建造指导手册

中国建筑第八工程局有限公司　编

马明磊　　阴光华　　马昕煦　主编

中国建筑工业出版社

图书在版编目（CIP）数据

会展建筑高效建造指导手册 / 中国建筑第八工程局
有限公司编；马明磊，阴光华，马昕煦主编. —北京：
中国建筑工业出版社，2023.6
ISBN 978-7-112-28772-7

Ⅰ. ①会… Ⅱ. ①中… ②马… ③阴… ④马… Ⅲ.
①展览馆–建筑工程–技术手册 Ⅳ. ①TU242.5-62

中国国家版本馆 CIP 数据核字（2023）第 097285 号

责任编辑：张　磊　王砾瑶　万　李
责任校对：姜小莲

会展建筑高效建造指导手册

中国建筑第八工程局有限公司　　编
马明磊　　阴光华　　马昕煦　主编

*

中国建筑工业出版社出版、发行（北京海淀三里河路9号）
各地新华书店、建筑书店经销
北京科地亚盟排版公司制版
建工社（河北）印刷有限公司印刷

*

开本：787毫米×1092毫米　1/16　印张：10¼　字数：216千字
2023年6月第一版　　2023年6月第一次印刷
定价：**68.00**元
ISBN 978-7-112-28772-7
（41217）

本书编委会

主　编　马明磊　阴光华　马昕煦

编　委　亓立刚　白　羽　柏　海　蔡庆军　陈　刚

陈　华　陈　江　邓程来　葛　杰　韩　璐

黄　贵　林　峰　刘文强　马希振　隋杰明

孙晓阳　唐立宪　田　伟　叶现楼　于　科

詹进生　张　磊　张世阳　周光毅　张文津

王　康　张德财　欧亚洲　郑　巍

前　言

习近平新时代中国特色社会主义思想和党的二十大精神对决胜全面建成小康社会、夺取新时代中国特色社会主义伟大胜利作出了全面部署。党的二十大报告提出，"高质量发展是全面建设社会主义现代化国家的首要任务。发展是党执政兴国的第一要务"。中国特色社会主义进入新时代，我国经济已由高速增长阶段转向高质量发展阶段。

2016年2月6日，中共中央、国务院印发《关于进一步加强城市规划建设管理工作的若干意见》，其中第四方面"提升城市建筑水平"第十一条"发展新型建造方式"中指出"大力推广装配式建筑，减少建筑垃圾和扬尘污染，缩短建造工期，提升工程质量"，这是国家层面首次提出"新型建造方式"。新型建造方式是指在建筑工程建造过程中，贯彻落实"适用、经济、绿色、美观"的建筑方针。以"绿色化"为目标，以"智慧化"为技术手段，以"工业化"为生产方式，以工程总承包项目为实施载体，强化科技创新和成果利用，注重提高工程建设效率和建造质量，实现建造过程"节能环保，提高效率，提升品质，保障安全"的新型工程建设组织模式。

为适应行业发展新形势，培育企业新的核心竞争力，本手册结合以往会议会展建筑体量大、工期紧、质量要求高的特点，提出了"高效建造、完美履约"的管理理念。在确保工程质量和安全的前提下，通过对管理方式、资源配置、智慧建造、绿色建造、BIM技术等有机整合优化，秉持绿色、和谐的理念，注重生态环保，全面推进绿色建造，使建造效率处于同行业领先水平。在高效建造方面，施工总承包模式存在设计施工平行发包，设计与施工脱节，以及施工协调工作量大、管理成本高、责任主体多、权责不够明晰等现象，导致出现工期拖延、突破造价等问题。本手册结合行业发展趋势，主要阐述工程总承包模式下的高效建造。

本手册依托国家会展中心（天津）项目，并在结合以往承建的会议会展工程建造经验的基础上，深入剖析会议会展工程典型特征及建造全过程，梳理会议会展工程建设的关键线路，总结设计、采购、施工管理与技术难点。在工程项目全生命周期引入BIM技术辅助项目设计、管理和运维，同时结合基于"互联网＋"的信息化平台管理手段以及绿色建造方式，为会议会展工程总承包项目设计、采购、施工提供技术支撑，积极践行"高效建造，完美履约"的理念。

　　本手册主要包括会议会展工程概述、高效建造组织、高效建造技术、高效建造管理、会议会展项目验收、案例等内容。项目部在参考时需要结合工程实际，聚焦工程履约的关键点和风险点，规范基本的建造程序、管理与技术要求，并从工作实际出发，提炼有效做法和具体方案。本手册寻求的是最大公约数，能够确保大部分会议会展工程在建造过程中实现"高效建造、完美履约"。希望通过本手册的执行，使会议会展类项目建造管理工作得到持续改进，促进企业高质量发展。

　　编者水平有限，恳请广大读者提出宝贵意见。

目　　录

1

会议会展工程概述

1.1　会议会展类建筑功能组成

会议会展建筑是举办各种展览、会议等活动的建筑载体，主要功能分为会议和展览两大部分。为了更好地服务于会议和展览两大功能，会议会展建筑设计中还应考虑相应的辅助功能和场地。因此，会议会展建筑主要包括以下几个部分：

（1）展览部分；

（2）展览辅助场地；

（3）会议部分；

（4）会议辅助场地；

（5）室外展场、广场等。

1.1.1　会议部分的功能组成

会议部分一般由公共区、会议区、后勤区组成。配套服务区一般单独建设，或将部分功能置于会议中心内部。

（1）公共区指入口大厅、公共大厅、前厅。公共区的功能包括：庆典仪式、票务、寄存、安检、登记、咨询、公用电话、售卖服务、休息、银行、邮局、新闻、商务中心、咖啡厅、卫生间等。

（2）会议区指主要功能房间区。包括剧场式会议厅、大型多功能会议厅、宴会厅、报告厅、中小会议室、新闻中心、贵宾用房等，满足参会人员开会、休息、座谈，以及新闻发布等需求。

（3）后勤区指内部的服务用房、技术管理用房，如厨房、备餐区、仓储用房、机电用房、停车场库等。

（4）配套服务区指展览中心、酒店、办公楼等独立功能区，设于会议中心内部或紧邻会议中心，与内部或外部有交通联系。

1.1.2　展览部分的功能组成

（1）展览部分以展厅为主体，结合了其他围绕展览功能而设的辅助功能。除了展厅以外，还应包括室外展场以及展厅内的洽谈区、会见室等。

（2）公共服务空间能够保障会议展览主要功能完整实现。

（3）登录厅（前厅）、过厅。用于展览会议前部人流的引入登录和各功能之间的交通联系，登录厅还应具有办票、租赁寄存等功能。

（4）贵宾接待。贵宾应有独立流线，贵宾功能区应包括贵宾入口、贵宾门厅、贵宾室以及贵宾独用的卫生间和垂直交通区。

（5）卫生间、休息室等。

（6）仓储空间指展览布展撤展期间，器材和货品的包装、拆卸、堆放的功能空间，包括室内库房和室外堆场。仓储空间需要结合货运交通流线进行设置。

（7）交通设施指会展空间中用以集散人流、车流、货流的场所空间。主要包括中心广场、转运场、停车场、公共交通展场和其他交通辅助设施。

（8）辅助空间及设施指为配合会展建筑的正常运营，每个展厅所需要配置的设备用房以及技术管理功能用房等。包括技术管理办公、设备用房及管沟、垂直搬运设施设备、展厅吊挂设备、废弃物处理设施用房等。

1.2　会议会展类建筑的分类

1.2.1　按建筑功能分类

会议会展类建筑按建筑功能分类见表 1.2.1-1。

按建筑功能分类　　　　　　　　　　　　　　　表 1.2.1-1

序号	分类	描述
1	独立式会议建筑或展览建筑	仅含会议或展览功能及附属功能的会展建筑，功能相对较简单，用途单一
2	会展综合建筑	具有复合功能的综合体建筑，通常包括展览、会议、餐饮、商业、酒店等功能，可用于举办大型会展活动，是较为常见的一种类型

1.2.2　按建筑规模分类

根据《展览建筑设计规范》JGJ 218—2010，会展建筑可以按照基地内总展览面积划分为特大型、大型、中型、小型建筑，同时，根据单个展厅的面积也可以将展厅划分为甲、乙、丙三个等级，不同级别的会展建筑有不同的设计要求，因此在设计时应注意明确建筑级别。

按建筑规模分类见表 1.2.2-1。

<table>
<tr><td colspan="2">按建筑规模分类　　　　　　　　　　　　　　　表 1.2.2-1</td></tr>
<tr><td>建筑规模</td><td>总展览面积 S（m^2）</td></tr>
<tr><td>特大型</td><td>$S \geqslant 100000$</td></tr>
<tr><td>大型</td><td>$30000 \leqslant S < 100000$</td></tr>
<tr><td>中型</td><td>$10000 < S < 30000$</td></tr>
<tr><td>小型</td><td>$S \leqslant 10000$</td></tr>
</table>

1.2.3　按展厅等级分类

按展厅等级分类见表 1.2.3-1。

<table>
<tr><td colspan="2">按展厅等级分类　　　　　　　　　　　　　　　表 1.2.3-1</td></tr>
<tr><td>展厅等级</td><td>展厅的展览面积 S（m^2）</td></tr>
<tr><td>甲等</td><td>$S \geqslant 10000$</td></tr>
<tr><td>乙等</td><td>$5000 < S < 10000$</td></tr>
<tr><td>丙等</td><td>$S \leqslant 5000$</td></tr>
</table>

1.3　会议会展类建筑改扩建工程

1.3.1　改扩建工程的分类

改建工程指不增加建筑物或建设项目体量，在原有基础上对原有工程进行改造的建设项目。对于会议会展类建筑工程，改建主要是指为平衡其运营使用能力，重新对其进行装饰装修，或增加一些附属、辅助房间。

扩建工程指在原有基础上加以扩充的建设项目。对于会议会展类建筑工程，扩建主要是指在原有基础上加高加层（需重新建造基础的工程属于新建项目）。

1.3.2　会议会展类建筑改扩建工程施工主要重难点

会议会展类建筑改扩建工程施工主要重难点见表 1.3.2-1。

会议会展类建筑改扩建工程施工主要重难点   表 1.3.2-1

序号	重难点分类	重难点内容	应对措施
1	社会影响大	省市领导非常关注，市民寄予很高的期望	施工过程中注重安全、文明施工，积极营造正面社会舆论
2	施工组织难度大	施工工期紧	改扩建工程的工期一般都比较紧张，需要合理安排施工进度计划，并注重过程管控
		受已有建筑空间影响，常规吊装机械无法使用	编制吊装专项施工方案，并按要求进行论证、审批，严格按照方案实施
		在大型机械进场作业前，为保证结构安全需要合理规划行走路线，对结构受力情况进行验算并对结构进行加固	编制专项施工方案并进行安全验算，合理规划施工行走路线
		施工监测内容多，误差控制要求高	按照规范和设计要求加强过程监测，确保将误差控制在合理范围内
		空间交叉作业多，协调工作量大	细化施工作业安排，尽量减少交叉作业。如确实无法避免则加强安全管理
		装饰装修材料环保要求高	提前安排材料采购任务，避免其影响工期
3	保证结构安全、保护建筑功能难度大	钢结构火焰切割时易产生塑性变形，影响拆除部分周围结构的稳定性	必要时做好周围结构的支撑、加固措施，合理安排施工工序
		对于非改造区域的机电设备、管线的成品保护要求高	机电管线都是系统性的工程，根据现场的施工进度及时做好机电成品保护
		新增幕墙系统大多需要跨接主体结构的伸缩缝，且部分需要进行后置埋件安装，对幕墙建筑使用功能和立面效果影响大	通过提高施工精度，加强过程监控，依靠幕墙自身体系消化吸收伸缩缝不均匀沉降

2 高效建造组织

2.1 组 织 机 构

    会议会展类建筑具有工期紧、质量要求高、体量大、造型复杂新颖等特点，平面管理及各项资源组织投入难度大。为保证总承包项目管理有效运行以及工程建造全过程工作顺利开展，全面实现项目管理目标，优质高效地履行合同承诺，企业对项目采用直线职能式或（矩阵式）组织机构，项目部对项目质量、安全、投资、进度、职业健康和环境保护等目标负责。

    为便于平面管理，在施工总体部署中可以将平面分为多个施工区域，每个区域的管理职能包括：负责本区域内的施工生产、施工质量、施工进度管理工作，作为各专业工程管理部的延伸。其他资源仍由项目部层级统一管理与协调。

    建议合同额 20 亿元以下的会议会展类建筑项目采用直线职能式项目管理组织结构的模式，20 亿元以上或群体工程项目采用矩阵式项目管理组织结构的模式。

    工程总承包管理模式采用图 2.1-1、图 2.1-2 所示的组织结构。

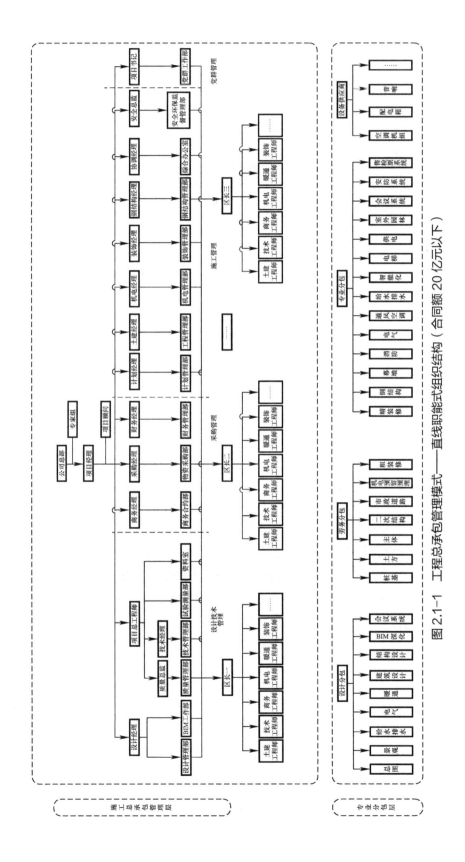

图 2.1-1 工程总承包管理模式——直线职能式组织结构（合同额 20 亿元以下）

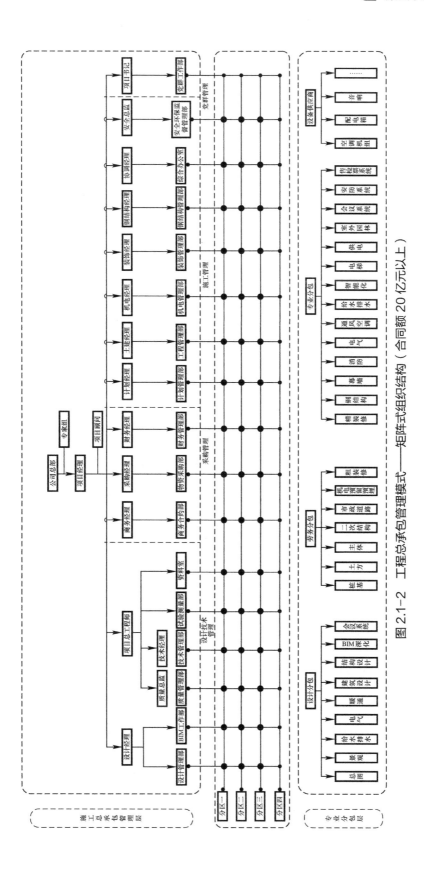

图 2.1-2 工程总承包管理模式——矩阵式组织结构（合同额 20 亿元以上）

2.2 设计组织

2.2.1 设计和设计管理组织结构

会议会展类建筑设计和设计管理团队需选择具有丰富的大型 EPC 项目设计和设计管理经验的人员组成本工程的设计团队，人员从设计单位（含合作设计单位、设计管理总院、二级独立法人公司设计院）、各二级单位设计管理部或技术中心选派，设计团队组织架构如图 2.2.1-1 所示。

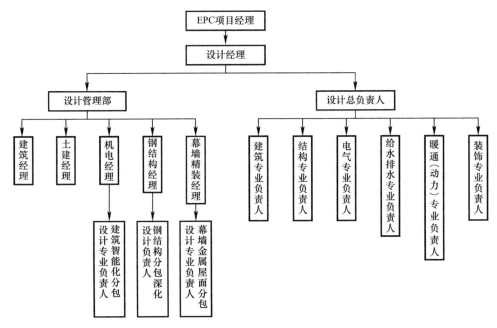

图 2.2.1-1   设计团队组织架构

设计岗位人员任职资格参见附录。

2.2.2 设计阶段划分和工作总流程

会议会展类建筑设计阶段划分与设计工作总流程，与每阶段参与设计工作的主要专业如图 2.2.2-1 所示，其中灰底色节点为与设计、施工密切相关的建设单位工作内容。

2.2.3 施工图与深化设计阶段工作组织

EPC 模式下施工图提交工作流程如图 2.2.3-1 所示。

管理过程的相关要求如下：

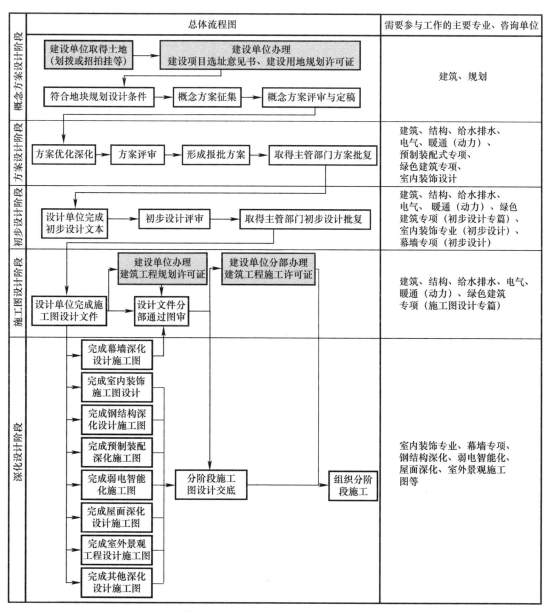

图 2.2.2-1 会议会展类建筑设计阶段划分与设计工作总流程等

（1）提交各节点的分部施工图图纸，开始施工之前要留足时间，以满足采购和备料加工的相关要求。

（2）各分包单位需提前介入。

（3）设计文件初稿审查阶段必须优先解决关键材料和设备的选型问题。

（4）设计文件送审之前需出具材料和设备技术规格书，内容包含材料和设备的参数以及型号，以满足采购、备料、加工的要求。正式的技术规格书出具以后，不应再轻易改变。

会议会展类建筑典型工期计划模块节点及前置条件见表 2.2.3-1。

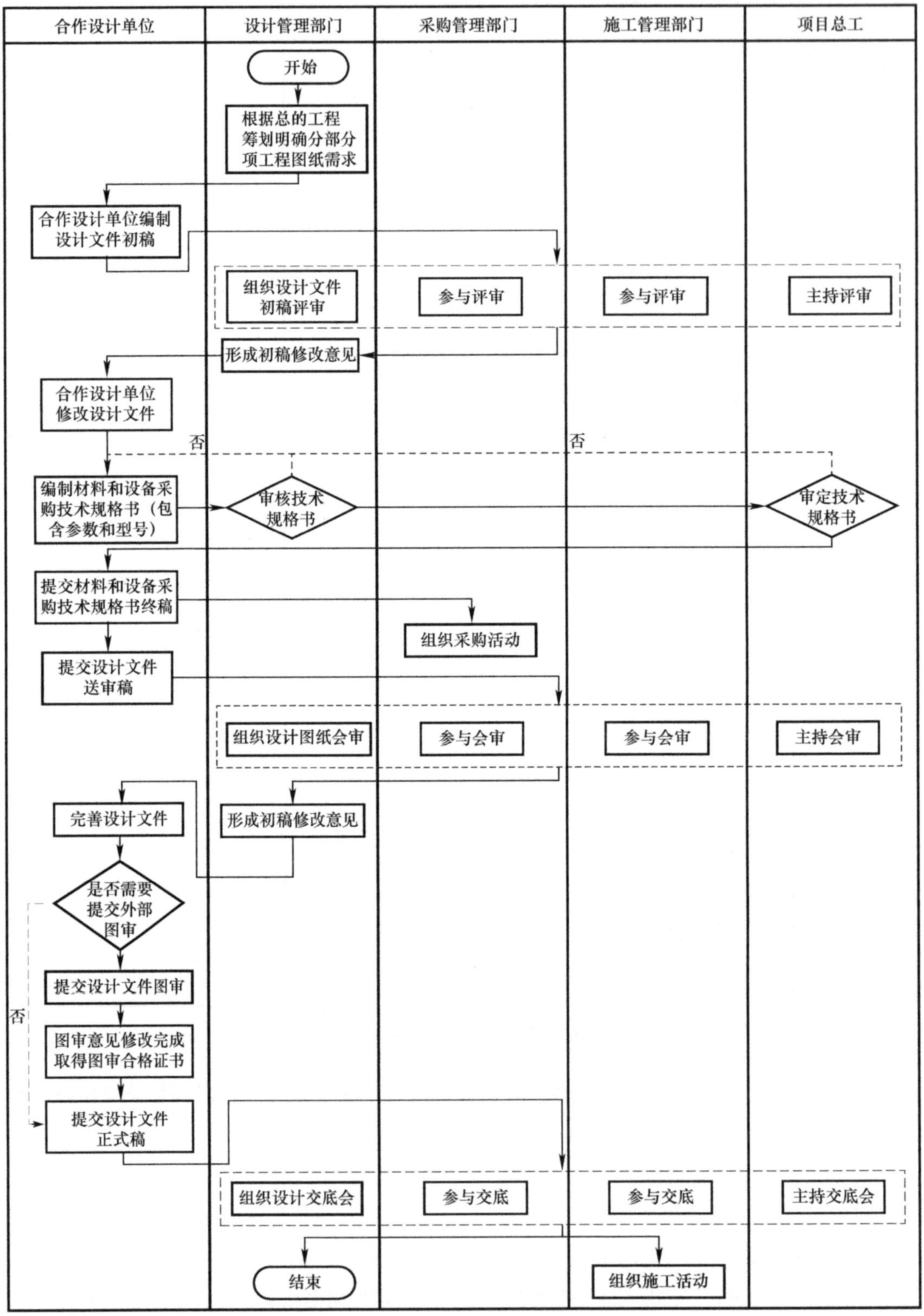

合作设计单位	设计管理部门	采购管理部门	施工管理部门	项目总工

开始

根据总的工程筹划明确分部分项工程图纸需求

合作设计单位编制设计文件初稿

组织设计文件初稿评审 | 参与评审 | 参与评审 | 主持评审

形成初稿修改意见

合作设计单位修改设计文件

否 · · · · · · 否

编制材料和设备采购技术规格书（包含参数和型号）

审核技术规格书

审定技术规格书

提交材料和设备采购技术规格书终稿

组织采购活动

提交设计文件送审稿

组织设计图纸会审 | 参与会审 | 参与会审 | 主持会审

完善设计文件

形成初稿修改意见

是否需要提交外部图审

提交设计文件图审

图审意见修改完成取得图审合格证书

否

提交设计文件正式稿

组织设计交底会 | 参与交底 | 参与交底 | 主持交底会

结束

组织施工活动

图 2.2.3-1　EPC 模式下施工图提交工作流程

会议会展类建筑典型工期计划模块节点及前置条件

表 2.2.3-1

关键线路（施工准备开始的"0"点，典型工期 600d）

阶段	类别（关键线路工期）	穿插时间(d)	编号	管控级别	业务事项	节点类别	参考周期(d)	标准要求	设计前置条件	采购单位前置条件	建设单位前置条件	参考案例	备注
设计阶段	方案及初步设计工期（由项目复杂程度和审批进度决定）	-60	1	2	概念方案确定	工期	30~45	概念方案得到甲方、政府主管部门认可			组织概念方案评审活动		
		-60	2	3	工可和方案设计、文本编制	工期	30~60	按照国家设计文件深度规定完成报批方案文本编制（含估算）	概念方案确定				
		-60	3	3	工可和方案设计评审、修改和报批	工期	30~45	政府主管部门组织方案设计评审、修改通过后报批，拿到方案批复	方案设计文本编制完成		组织方案送审及报批		
		-60	4	2	初步设计文件编制	工期	30~60	按照国家和地方初步设计编制深度编制（含概算）	取得方案批复				
		-60	5	1	初步设计评审、各类专项评审与报批	工期	30~45	取得批复	初步设计文本编制完成		组织初步设计送审及报批		
	施工图设计工期	-30	6	1	桩基施工图出图	工期	10	分批通过图审、完成满足施工需要的首批图纸	取得初步设计批复				
		-15	7	1	地下室部分施工图出图	工期	15			确定主材供应单位			
		-30	8	2	地上主体部分施工图出图	工期	25						
		-60	9	2	其余施工图分阶段出图（其他批次）	工期	按照工程筹划	通过图审、完成满足施工需要的其他图纸					

续表

关键线路（施工准备开始的"0"点，典型工期600d）

阶段	类别（关键线路工期）	穿插时间（d）	编号	管控级别	业务事项	节点类别	参考周期（d）	标准要求	设计前置条件	采购单位前置条件	建设单位前置条件	参考案例	备注
准备阶段	施工准备	0	10	2	控制点移交及复核	工期	1	完成控制点现场及书面移交，总包完成控制点复核及加密工作	用地红线及总平规划图，建筑物轮廓边线及定位		控制点文件移交		
		-30	11	1	三通一平（通水、通电、通路、场地平整）	工期	30	现场施工临水、道路、临电布置完成，满足场内外交通顺畅	用地红线及总平规划图，建筑物轮廓边线及定位	临设施工队伍、钢筋、混凝土、模板等招采	施工总平图审批		
		0	12	1	场区规划及临建搭设、临水临电设置	工期	15~60	具备开工条件	用地红线及总平规划图，建筑物轮廓边线及定位	临设施工队伍和相关材料招采	施工总平图和临设布设方案审批		辅助工序根据需求
		0	13	1	工程桩试桩及检测	工期	45	试桩施工完成并完成试验验收及数据检测及校核工作	试桩设计类型和指标参数	桩基施工队伍和桩基主材招采	方案审批		
施工阶段	地基与基础	0	14	1	基坑支护	工期	90	支护及止水（若包含止水帷幕）工作全部完成	基坑支护设计施工图	基坑支护、降水施工队伍招采	方案审批		
		0	15	2	基坑降水施工	工期	0	包含降水井施工、降水管布设，正常降水、回填完成后降水结束四个阶段	基坑降水设计施工图	基坑支护、降水施工队伍和材料招采	方案审批		辅助工序不占工期

续表

关键线路（施工准备开始的"0"点，典型工期600d）

阶段	类别（关键线路工期）	穿插时间(d)	编号	管控级别	业务事项	节点类别	参考周期(d)	标准要求	设计前置条件	采购单位前置条件	建设单位前置条件	参考案例	备注
施工阶段	地基与基础	10	16	2	工程桩施工及检测	工期	100	根据工程实际、与土方施工合理穿插，工程桩施工完成并完成桩间土开挖、桩头处理等工作	工程桩基设计施工图	桩基施工队伍和桩基主材招采	方案审批		
		50	17	1	地基处理	工期	45	根据土质条件及设计要求完成相应类型地基处理	地基处理施工图	地基处理施工相关队伍及相关材料招采	方案审批		
		0	18	1	土方工程开挖（上）	工期	100	土方全部完成（含出土坡道部分）		土方施工队伍招采	方案审批		
		275	19	3	室内土方回填	工期	20	室内填至施工图设计底板标高（含设备房回填）	地下结构施工图	土方、劳务施工队伍招采	方案审批		非关键线路
		145	20	3	基础防水	工期	50	底板防水验收合格	地下室建筑施工图	防水施工队伍及相关材料招采	方案审批		
	地下主体混凝土结构	110	21	2	底板工程	工程	40	地下室底板浇筑完成	地下结构施工图	主体劳务施工队伍招采	方案审批		
		125	22	1	地下室结构工程	工程	45	地下室顶板混凝土浇筑完成，正负零结构完成	地下室结构施工图、地下室水暖电预埋施工图	施工结构主材招采	方案审批		
		200	23	3	地下室结构模板拆除	工程	40	地下室模板全部拆除完成			拆模审批		
		209	24	3	出地下室顶构筑物	工程	30	顶板构筑物浇筑完成	地下结构施工图		方案审批		非关键线路

续表

关键线路（施工准备开始的"0"点，典型工期600d）

阶段	类别（关键线路工期）	穿插时间（d）	编号	管控级别	业务事项	节点类别	参考周期（d）	标准要求	设计前置条件	采购单位前置条件	建设单位前置条件	参考案例	备注
施工阶段	地下主体混凝土结构	225	25	3	地下室外墙防水及保护墙	工程	50	外墙防水及保护墙完成并验收合格	地下室建筑施工图	防水施工队伍及相关材料招采	方案审批		非关键线路
		275	26	3	肥槽回填	工程	20	肥槽回填完成	地下室建筑施工图		方案审批		非关键线路
		265	27	3	地下室低压照明	工程	30	结构浇筑后完成临时照明			方案审批		
		265	28	3	地下室有组织排水	工程	30				方案审批		
		265	29	3	地下室临时通风	工程	30	拆模后完成临时通风			方案审批		
		295	30	3	地下室二次结构砌筑抹灰	工程	60	主体结构验收完成后穿插展开砌筑抹灰		二次结构劳务施工队伍和结构主材招采	方案审批		
		355	31	3	地下室设备基础	工程	20	所有设备基础及埋件施工完成		设备选型完成	方案审批		
	地上结构	180	32	1	主体工程施工	工程	60	主体混凝土结构施工完成	地上结构施工图	主体劳务和结构主材招采	方案审批		
		210	33	3	预应力筋制作及安装	工程	30	预应力结构施工完成		预应力结构队伍及材料招采	方案审批		
		255	34	2	预应力筋张拉	工程	50	预应力结构施工完成	预应力结构施工图纸		方案审批		
		265	35	3	主体工程模板拆除	工程	40				方案审批		

续表

关键线路（施工准备开始的"0"点，典型工期600d）

阶段	类别（关键线路工期）	穿插时间（d）	编号	管控级别	业务事项	节点类别	参考周期（d）	标准要求	设计前置条件	采购单位前置条件	建设单位前置条件	参考案例	备注
施工阶段	地上结构	285	36	3	钢结构吊装准备	工程	30	深化设计达到加工要求，埋件安装完成，验收合格					
		225	37	3	钢结构加工排产	工程	90	钢结构构件排产完成，进行加工	钢结构施工图及深化设计图	钢构专业分包招采	钢结构材料确认和钢结构施工方案审批		
		315	38	2	钢结构桁架吊装、滑移	工程	60						
		305	39	3	地上部分二次结构砌筑	工程	45				方案审批		
		350	40	3	地上内墙抹灰施工	工程	30				方案审批		
		380	41	3	地上设备基础施工	工程	20				方案审批		
	金属屋面工程	375	42	3	楼承板屋面结构施工	工程	35	完成屋面混凝土浇筑					
		410	43	3	楼承板屋面防水及保护层施工	工程	30	屋面防水及保护层施工完成					
		440	44	3	屋面防雷、接地系统施工	工程	25		金属屋面施工图和深化设计图	金属屋面专业分包招采	品牌和样板确认，施工方案审批		
		440	45	3	楼承板屋面回填	工程	30						
		470	46	3	楼承板屋面绿化	工程	20						
		375	47	3	金属屋面檩托及檩条安装	工程	20	檩托施工完成，验收合格					

续表

关键线路（施工准备开始的"0"点，典型工期600d）

阶段	类别（关键线路工期）	穿插时间（d）	编号	管控级别	业务事项	节点类别	参考周期（d）	标准要求	设计前置条件	采购单位前置条件	建设单位前置条件	参考案例	备注
施工阶段	金属屋面工程	395	48	3	金属屋面底板安装	工程	20	安装完成、验收合格					
		415	49	1	金属屋面构造层施工	工程	30	安装完成、验收合格					
		445	50	3	金属屋面天沟安装	工程	20	安装完成、验收合格	金属屋面施工图和深化设计图	金属屋面专业分包招采	品牌和样板确认，施工方案审批		
		460	51	2	金属屋面面层施工	工程	20	安装完成、验收合格					
		480	52	3	屋面檐口施工	工程	20	安装完成、验收合格					
		445	53	3	桁架马道安装	工程	30	安装完成、验收合格					
		475	54	3	钢结构涂料施工	工程	40	安装完成、验收合格			施工方案审批		
		114	55	3	太阳能发电支架安装	工程	20	安装完成、验收合格	太阳能深化设计图	太阳能专业分包招采	施工方案审批		
		134	56	3	太阳能发电板及线路安装	工程	25	安装完成、验收合格			施工方案审批		
		159	57	3	太阳能发电系统调试	工程	10	安装完成、验收合格			施工方案审批		

续表

关键线路（施工准备开始的"0"点，典型工期600d）

阶段	类别（关键线路工期）	穿插时间(d)	编号	管控级别	业务事项	节点类别	参考周期(d)	标准要求	设计前置条件	采购单位前置条件	建设单位前置条件	参考案例	备注
施工阶段	粗装饰（非关键线路）	375	58	3	地下各类设备用房装修	工程	45				施工方案审批		非关键线路，灵活插入，但不能影响后续工作
		400	59	3	地上各类设备用房装修	工程	30				施工方案审批		
		375	60	3	人防门安装	工程	30				施工方案审批		
		355	61	3	地下室防火门/防火卷帘安装	工程	60				施工方案审批		
		355	62	3	地下室样板段施工	工程	20				施工方案审批		
		375	63	3	地下室顶棚、内墙装饰面施工	工程	60		全套建筑施工图、水暖电施工图	施工劳务队伍及相关材料招采	品牌和样板确认、施工方案审批		
		435	64	2	地下室地面施工	工程	30				施工方案审批		
		465	65	3	地下室停车场划线	工程	30				施工方案审批		
		380	66	3	消防前室散楼梯间及地下室墙面、地面、顶棚装饰	工程	45				施工方案审批		
		380	67	3	设备管井墙面、地面、顶棚装饰	工程	45				施工方案审批		
		410	68	3	展沟防水及保护层	工程	15				施工方案审批		
		425	69	2	展厅耐磨地面	工程	20				施工方案审批		
		465	70	3	展厅管沟盖板安装	工程	20				样板确认、施工方案审批		

续表

关键线路（施工准备开始的"0"点，典型工期600d）

阶段	类别（关键线路工期）	穿插时间（d）	编号	管控级别	业务事项	节点类别	参考周期（d）	标准要求	设计前置条件	采购单位前置条件	建设单位前置条件	参考案例	备注
施工阶段	电梯及机电设备安装（非关键线路）	350	71	2	电梯安装作业面移交	工程	15	电梯机房、电梯基坑、电梯井道砌筑及抹灰（若有）完成、相关部位尺寸复核检验合格，预留、预埋检验复核合格，完成井道面移交手续			施工方案审批		
		365	72	2	消防电梯及货梯安装及调试验收、投入使用	工程	60	安装调试完成，临时投入使用，为现场外用临时电梯拆除创造条件，使用结束后正式验收完成并获得合格证	电梯施工图和相关深化设计图	电梯专业分包及相关材料招采			
		425	73	3	扶梯安装及调试验收	工程	60	电梯相关部位尺寸核复完成，预留、预埋检验复核完成，完成书面移交手续			品牌样板和深化图纸确认、施工方案审批		
		365	74	2	观光电梯、餐梯安装及调试验收	工程	60						
		405	75	3	人防设备安装	工程	60	人防设备安装完成					
		295	76	3	地下室风管及水管安装	工程	90	所有机房外主管道施工完成	全套水暖电施工图纸及相关深化图纸	机电安装施工队伍及相关材料招采			
		385	77	3	地下室空调风管及水管道保温	工程	45						

续表

关键线路（施工准备开始的"0"点，典型工期600d）

阶段	类别（关键线路工期）	穿插时间（d）	编号	管控级别	业务事项	节点类别	参考周期（d）	标准要求	设计前置条件	采购单位前置条件	建设单位前置条件	参考案例	备注
施工阶段	电梯及机电设备安装（非关键线路）	305	78	3	地上风管及空调水管安装（一二层展厅、办证大厅、接待大厅、新闻中心、多功能厅）	工程	100						
		405	79	3	地上空调风管及水管保温	工程	45						
		295	80	3	地下室风机安装	工程	30						
		425	81	3	精装区风机安装	工程	20						
		445	82	3	屋面（钢结构）风机安装	工程	15		全套水暖电施工图纸及相关深化图纸	机电安装施工队伍及相关材料招采			
		445	83	2	屋面风冷热泵机组安装	工程	15						
		410	84	3	精装区空调设备安装（VIP房间、会议室做隔声处理）	工程	45						
		400	85	3	变制冷剂流量多联式空调系统（VRV多联式空调系统）安装	工程	45						
		405	86	3	风管末端风口安装	工程	95						
		400	87	3	精装区空调设备安装	工程	20						

续表

关键线路（施工准备开始的"0"点，典型工期600d）

阶段	类别（关键线路工期）	穿插时间(d)	编号	管控级别	业务事项	节点类别	参考周期(d)	标准要求	设计前置条件	采购单位前置条件	建设单位前置条件	参考案例	备注
施工阶段	电梯及机电设备安装（非关键线路）	375	88	3	地下室空调机组安装	工程	40						
		375	89	2	制冷机房移交	工程	5						
		380	90	3	制冷机房管道及阀门安装	工程	30						
		410	91	2	制冷机房制冷主机等设备安装	工程	20				深化图纸确认、设备方案审批		
		450	92	3	冷却塔安装	工程	30						
		480	93	2	空调系统调试	工程	20						
		305	94	3	给水管道安装	工程	60		全套水暖电施工图纸及相关深化图纸	机电安装施工队伍及相关材料招采			
		305	95	3	污水、废水排水管道安装	工程	60						
		375	96	3	水泵房及雨水回用设备安装（给水泵房、消防泵房、雨水回收泵房）	工程	60						
		360	97	3	电加热锅炉安装	工程	5						
		388	98	3	空压机房内设备及管道安装	工程	20						
		305	99	3	压力排水、中水、热水管道安装（二次结构砌筑之后）	工程	60						

续表

关键线路（施工准备开始的“0”点，典型工期 600d）													
阶段	类别（关键线路工期）	穿插时间（d）	编号	管控级别	业务事项	节点类别	参考周期（d）	标准要求	设计前置条件	采购单位前置条件	建设单位前置条件	参考案例	备注
施工阶段	电梯及机电设备安装（非关键线路）	405	100	3	重力排水管道安装（屋面结构之后）	工程	60		全套水暖电施工图纸及相关深化图纸	机电安装施工队伍及相关材料招采			
		355	101	3	集水坑移交（地下室二次结构砌筑之后）	工程	10						
		365	102	3	污水泵安装（含提升系统）	工程	40						
		295	103	3	消防水管道安装	工程	120						
		355	104	3	报警阀室安装	工程	60						
		355	105	3	消火栓箱安装	工程	60						
		340	106	3	气体灭火管道安装	工程	45						
		405	107	3	气瓶间设备安装	工程	15						
		415	108	3	下引管及喷淋头安装	工程	100						
		355	109	3	消防水炮系统安装	工程	80						
		425	110	3	展沟压缩空气管道安装	工程	40						
		515	111	2	给水排水系统调试	工程	20						
		295	112	3	地下室照明系统安装、调试	工程	90						

续表

关键线路（施工准备开始的"0"点，典型工期600d）

阶段	类别（关键线路工期）	穿插时间(d)	编号	管控级别	业务事项	节点类别	参考周期(d)	标准要求	设计前置条件	采购单位前置条件	建设单位前置条件	参考案例	备注
施工阶段	电梯及机电设备安装（非关键线路）	395	113	3	消防烟感、广播安装	工程	110						
		350	114	3	高低压配电房基础施工	工程	20						
		370	115	2	高低压配电室移交	工程	10						
		380	116	2	高低压配电室安装	工程	60						
		350	117	3	配电箱安装	工程	80	全部安装并测试完成					
		470	118	3	贵宾室、接见厅艺术灯具安装	工程	30		全套水暖电施工图纸及相关深化图纸	机电安装施工队伍及相关材料招采			
		470	119	3	办证大厅、会议室内强电系统安装	工程	30						
		295	120	3	室内强电线槽、管路安装及布线	工程	120						
		445	121	3	展位箱安装	工程	20						
		425	122	3	展沟电缆敷设	工程	30						
		380	123	3	母线安装	工程	40						
		405	124	3	展厅灯具安装	工程	30						
		440	125	3	楼层配电箱配送电	工程	15						
		440	126	3	EPS应急电源安装	工程	20						
		440	127	3	UPS不间断电源安装	工程	25						

续表

关键线路（施工准备开始的"0"点，典型工期600d）

阶段	类别（关键线路工期）	穿插时间（d）	编号	管控级别	业务事项	节点类别	参考周期（d）	标准要求	设计前置条件	采购单位前置条件	建设单位前置条件	参考案例	备注
施工阶段	电梯及机电设备安装（非关键线路）	410	128	3	多功能厅控制柜及调光系统安装	工程	85		深化设计图纸	施工队伍及相关材料准备	深化图纸确认，设备确认，施工方案审批		非关键线路，灵活插入，但不能影响后续验收
		495	129	2	多功能厅光学检测	工程	15						
		445	130	3	电动广告吊杆安装	工程	25						
		435	131	3	智能照明系统安装及通电调试	工程	50						
		425	132	3	空气采样系统安装	工程	40						
		401	133	3	光伏设备安装	工程	20						
		410	134	3	展沟桥架安装	工程	20						
		280	135	3	弱电桥架安装	工程	60						
		340	136	3	弱电线管安装、线缆敷设	工程	60						
		410	137	3	智能化通用系统设备安装及调试	工程	60						
		431	138	2	智能机房建设与调试	工程	90						
		431	139	2	安防控制室及安防辅助用房机房建设与设备安装及调试	工程	90						
		431	140	2	弱电电池室设备安装及调试	工程	90						

续表

关键线路（施工准备开始的"0"点，典型工期600d）

阶段	类别（关键线路工期）	穿插时间(d)	编号	管控级别	业务事项	节点类别	参考周期(d)	标准要求	设计前置条件	采购单位前置条件	建设单位前置条件	参考案例	备注
施工阶段	电梯及机电设备安装（非关键线路）	500	141	3	票务管理系统设备安装及调试	工程	15		深化设计图纸	施工队伍及相关材料准备	深化图纸确认，设备确认，施工方案审批		非关键线路，灵活插入，但不能影响后续验收
		400	142	3	人脸抓拍系统设备安装及调试	工程	60						
		400	143	3	人员身份验证系统设备安装及调试	工程	60						
		455	144	3	空调计费系统设备安装及调试	工程	60						
		410	145	3	精装修区域会议设备安装及调试	工程	100						
		400	146	3	PDT、LTE覆盖设备安装及调试	工程	60						
		400	147	3	信息引导及发布系统设备安装及调试	工程	60						
		400	148	3	远传计量系统设备安装及调试	工程	60						
		460	149	2	综合布线检测	工程	10						
		470	150	1	安防检测	工程	10						
		517	151	2	精装区声学检测	工程	10						
		460	152	2	智能化其他系统检测	工程	10	各系统测试完成并具备联动条件					
		511	153	1	消防联动调试	工程	30	消防联动调试完成并能正常投入运行					

续表

关键线路（施工准备开始的"0"点，典型工期600d）

阶段	类别（关键线路工期）	穿插时间（d）	编号	管控级别	业务事项	节点类别	参考周期（d）	标准要求	设计前置条件	采购单位前置条件	建设单位前置条件	参考案例	备注
施工阶段	精装修工程	380	154	1	内装施工样板段封板确认	工期	30	施工完成、验收合格					
		410	155	1	室内公共部分精装修施工	工期	90	施工完成、验收合格					
		410	156	1	弱电机房建设与设备安装	工期	110	施工完成、验收合格					
		410	157	1	贵宾接待厅精装修施工	工期	110	施工完成、验收合格					
		410	158	2	多功能厅精装修施工	工期	110	施工完成、验收合格	精装修施工图及相关深化设计图	装饰精装修施工图及深化设计图	设计范围和风格板确认、品牌样板和深化图纸确认、施工方案审批		
		410	159	1	展览厅精装修施工	工期	110	施工完成、验收合格					
		410	160	2	新闻中心精装修施工	工期	110	施工完成、验收合格					
		410	161	1	接待大厅精装修施工	工期	110	施工完成、验收合格					
		410	162	1	办证大厅精装修施工	工期	110	施工完成、验收合格					
		410	163	2	主入口门厅防弹玻璃幕墙施工	工期	60	施工完成、验收合格					
	外装施工（非关键线路）	405	164	3	采光顶结构埋板施工	工期	10	施工完成、验收合格					
		415	165	3	采光顶钢骨架焊接及防火、防腐涂料施工	工期	25	施工完成、验收合格					

续表

关键线路（施工准备开始的"0"点，典型工期600d）

阶段	类别（关键线路工期）	穿插时间(d)	编号	管控级别	业务事项	节点类别	参考周期(d)	标准要求	设计前置条件	采购单位前置条件	建设单位前置条件	参考案例	备注
施工阶段	外装施工（非关键线路）	440	166	2	采光顶玻璃封闭	工期	20	施工完成、验收合格					
		375	167	2	幕墙及夜景照明施工样板段施工	工期	10	施工完成、验收合格					
		385	168	3	幕墙类龙骨安装	工期	60	施工完成、验收合格					
		445	169	3	幕墙安装	工期	30	施工完成、验收合格					
		350	170	3	非幕墙类外墙保温层施工	工期	30	施工完成、验收合格					
		225	171	3	外防护架搭设	工期	50	施工完成、验收合格					
		475	172	3	外防护架拆除	工期	20	施工完成、验收合格					
	室外及市政配套工程	295	173	2	红线外市政施工	工期	60	红线电、力、给水、雨污水、热力、电信等工程管道施工或设备安装完成，并连接至相应设备用房，包含专业分包单位施工内容	总平面施工图、园林景观施工图、室外市政管网图及相关深化设计图	室外工程专业分包、安装专业分包、园林景观绿化专业分包深化设计图等招标完成	施工图深化设计图及深化设计图审核、施工方案审批		
		430	174	2	红线内市政施工	工期	50						
		480	175	1	雨污水正式接通	工期	10	雨污水系统达到排放条件					
		496	176	1	正式供水	工期	10	市政用水供至加压泵房或计量水表，随时具备使用或计量条件					
		517	177	1	正式供气	工期	10	通气至管压站，商铺厨房内管道完成至计量表位置					

续表

关键线路（施工准备开始的"0"点，典型工期600d）

阶段	类别（关键线路工期）	穿插时间(d)	编号	管控级别	业务事项	节点类别	参考周期(d)	标准要求	设计前置条件	采购单位前置条件	建设单位前置条件	参考案例	备注
施工阶段	室外及市政配套工程	440	178	1	正式通信	工期	10	电信机房安装完成，外部光纤接入机房，具备电话开通条件					
		476	179	1	正式供电	工期	10	外电通电至闭所，送电至地下室设备房。竣工验收前3个月完成					
		430	180	2	景观及泛光照明样板段施工	工期	40	完成景观树形、冠形选择，硬质铺装样板段施工完成（样板段应包括所有材质铺装，典型花坛等代表性构件），铺装范围内应包含标志性花坛或景观造型一处	总平面施工图、园林景观施工图、室外景观图及市政管网图及相关深化设计图	室外工程专业分包、安装专业分包、园林景观绿化专业分包及相关深化设计图等招标完成	施工图纸及深化设计图审核、施工方案审批		
		430	181	2	室外基层施工	工期	40	主要为景观工程硬质铺装垫层，消防车道路基层，广场垫层等基层料施工完成					
		430	182	2	海绵城市施工	工期	40	施工完成，验收合格					
		490	183	2	安防、检测	工期	20	施工完成，验收合格					
		470	184	2	室外景观及泛光照明安装	工期	90	广场硬质铺装完成，广场夜景照明安装调试完成					
		470	185	1	室外栏杆安装	工期	90	室外栏杆及收边完成					

续表

关键线路（施工准备开始的"0"点，典型工期600d）

阶段	类别（关键线路工期）	穿插时间（d）	编号	管控级别	业务事项	节点类别	参考周期（d）	标准要求	设计前置条件	采购单位前置条件	建设单位前置条件	参考案例	备注
施工阶段	室外及市政配套工程	470	186	2	景观绿化施工	工期	90	乔木种植完成，所有苗木、地被种植完成，小品、雕塑安装完成	总平面施工图、施工图、室外景观市政管网图及相关深化设计图	室外工程专业分包、安装专业分包、园林景观绿化专业分包及相关深化设计完成招标	施工图纸及深化设计图审核、施工方案审批		
		410	187	2	导向标识施工	工期	90	完成与消防有关的导视，完成所有导视标识安装调试					
		540	188	1	市政道路正式开通	工期	20	路面沥青粗油完成，具备通车条件，沥青面层完成					
验收阶段	过程分阶段验收	252	189	1	地基与基础验收	取证验收	5	取得相关验收合格单	提供相关验收报告		提供相关验收报告		
		349	190	1	主体结构验收	取证验收	5						
		505	191	2	幕墙子分部验收	取证验收	10						
		485	192	2	钢结构专项验收	取证验收	10						
		390	193	2	人防结构专项验收	取证验收	10						
		480	194	2	市政管网验收	取证验收	15						
		455	195	2	锅炉房验收	取证验收	5						

续表

关键线路（施工准备开始的"0"点，典型工期600d）

阶段	类别（关键线路工期）	穿插时间(d)	编号	管控级别	业务事项	节点类别	参考周期(d)	标准要求	设计前置条件	采购单位前置条件	建设单位前置条件	参考案例	备注
验收阶段	过程分阶段验收	475	196	2	防雷验收	取证验收	15	取得相关验收合格单	提供相关验收报告				
		526	197	2	规划验收	取证验收	15						
		393	198	2	节能验收	取证验收	15						
		526	199	2	环境验收	取证验收	15						
		450	200	2	人防工程专项验收	取证验收	15						
		521	201	1	安防验收	取证验收	5						
		456	202	2	电检、消检	取证验收	20						
		520	203	1	消防验收（大证）	取证验收	10						
		525	204	2	竣工预验收	取证验收	5						
		530	205	3	竣工预验收整改	取证验收	10						
		520	206	2	提交《竣工验收申请报告》	取证验收	5				提供相关验收报告		
		541	207	2	正式竣工验收	取证验收	5						

续表

关键线路（施工准备开始的"0"点，典型工期 600d）

阶段	类别（关键线路工期）	穿插时间（d）	编号	管控级别	业务事项	节点类别	参考周期（d）	标准要求	设计前置条件	采购单位前置条件	建设单位前置条件	参考案例	备注
验收阶段	备案移交	546	208	2	备案、档案馆资料正式移交	工期	30	档案馆资料正式接收	提供相关审图报告		提供国有土地使用权证、建设用地规划许可证、建设工程许可证等、监理单位验收归档资料		地方档案馆
		576	209	1	移交	工期	30	正式移交建设单位或其相关部门，书面会签完成					使用单位
备注													

2.3 采 购 组 织

2.3.1　采购组织结构

采购组织结构基于"集中采购、分级管理、公开公正、择优选择、强化管控、各负其责"的原则，实施"三级管理制度"（公司层、分公司层、项目层），涵盖全采购周期的组织机构从根本上保障采购管理工作有序开展。公司层级以决策为主，分公司层级以组织招采为主，项目部以协助完成招采全周期工作为主。采购组织结构如图 2.3.1-1 所示。

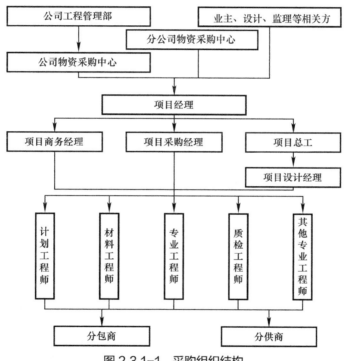

图 2.3.1-1　采购组织结构

2.3.2　材料设备采购总流程

材料设备采购总流程如图 2.3.2-1 所示。

2.3.3　材料设备分类管理

采购的材料设备分 A、B、C 类，A 类是加工周期较长（生产周期 30d 以上的会议会展类建筑常用特有材料）、对工期影响较大的材料设备，B 类为采购选择面少的材料设备，C 类为常规材料设备。具体见表 2.3.3-1～表 2.3.3-3。

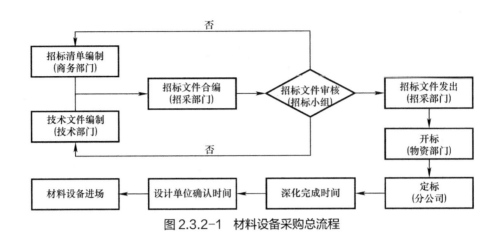

图 2.3.2-1　材料设备采购总流程

会议会展类建筑常用材料　　　　　　　　　表 2.3.3-1

序号	材料类别	材料名称	分类	加工周期（d）	使用工程名称	采购数量
1	钢结构	屈曲约束支撑	A	60	扬子江国际会议中心	102 套
2		阻尼器（1.2t）	A	90		188 个
3		阻尼器（175t）	A	90		2 个
4		铸钢件	C	30		1200t
5		滑移支座	C	30		32 个
6		进口防火涂料	C	15		130000kg
7		钢拉索	B	90	南京国际博览中心三期	100t
8		橡胶支座	B	60		1200 只
9		球形支座	B	60		2400 只
10		抗震支座	A	60	南宁国际会展中心	500 只
11	金属屋面	铝镁锰板屋面板	A	90	南京国际博览中心三期	19000m²
12			A	60	济南西部会展中心	18000m²
13		玻璃纤维吸声棉	C	5	南京国际博览中心三期	18000m²
14		铝复合板	C	20		10000m²
15		铝单板	C	15		5000m²
16		虹吸排水	A	30		500m
17		钛复合板	A	120	扬子江国际会议中心	47500m²
18		系统天窗	B	60		
19	人防工程	人防门	A	45	南京国际博览中心三期	98 樘
20			A	30	济南西部会展中心	370 樘
21		人防通风设备	A	60		15 套

续表

序号	材料类别	材料名称	分类	加工周期（d）	使用工程名称	采购数量
22	内装饰	大理石	C	5	南京国际博览中心三期	8000m²
23			C	20	南宁国际会展中心改扩建工程	12000m²
24			A	30	济南西部会展中心	2000m²
25		预铸式玻璃纤维加强石膏板（GRG）	A	40	南宁国际会展中心	7000m²
26			A	30	济南西部会展中心	5000m²
27		超微孔吸声铝板	B	30	南宁国际会展中心	8000m²
28		铜饰品	B	30		
29		超高非标不锈钢防火门	A	50		212 樘
30		铝板、铝方通	A	20	南京国际博览中心三期	5000m²
31		木工板	A	3		2000m²
32	外装饰	玻璃	A	45	南宁国际会展中心	60000m²
33			B	30		25000m²
34			A	20	济南西部会展中心	
35		防弹玻璃幕墙	A	50	南宁国际会展中心	1200m²
36		氟碳喷涂铝型材	A	35		120t
37		子母门	A	60		26 樘
38		阳极氧化铝单板	A	90	扬子江国际会议中心	5000m²
39	给水排水	消防箱	A	30	南京国际博览中心三期、南宁国际会展中心	213 只
40		成像聚光灯、菲尼尔聚光灯	A	30	南宁国际会展中心	130 个
41		射灯、轨道灯等	A	45	石家庄国际会展中心	625 个
42		电线电缆	C	60	南京国际博览中心三期	750000m
43			C	30	石家庄国际会展中心	316520m
44			B	20～30	南宁国际会展中心	531000m
45		疏散指示灯	C	60	南京国际博览中心三期	210 个
46			B	25	南宁国际会展中心	3100 个
47	暖通	风阀配件	A	60	南京国际博览中心三期	
48		电动蝶阀及平衡阀	B	30	南宁国际会展中心（B、C 地块）	45 个
49		户外型电动蝶阀、电动蝶阀、电动二通调节阀	C	20～30	南宁国际会展中心（A 地块）	74 个
50		旋流风口、球形喷口	C	20～30		328 套
51		排烟防火阀、防火调节阀、止回阀、单层百叶、双层百叶	C	20～30		1730 个
52	其他材料	空心箱体	B	15	南京国际博览中心三期	122440 个

注：采购时明确材料是否指定品牌。

会议会展类建筑常用设备 表 2.3.3-2

序号	设备类别	设备名称	分类	采购周期（d）	使用工程名称	采购数量
1	电梯	货梯	A	120	南宁国际会展中心	17 台
2		扶梯	A	60	南宁国际会展中心	12 台
3			A	120	扬子江国际会议中心	12 台
4		直梯	A	120	南宁国际会展中心	28 台
5			A	120	扬子江国际会议中心	28 台
6		跃层电梯	A	120	扬子江国际会议中心	1 台
7	给水排水	潜污泵、污水提升设备	B	40	南宁国际会展中心（B、C 地块）	95 套
8				30	南宁国际会展中心（A 地块）	131 套
9				40	石家庄国际会展中心	85 套
10			A	60	南京国际博览中心三期	76 套
11				30	扬子江国际会议中心	169 套
12		隔油提升设备	B	50	石家庄国际会展中心	75 套
13		消防水泵	A	30	南宁国际会展中心	13 套
14				30	南京国际博览中心三期	50 套
15		精装洁具	A	40	南宁国际会展中心	40 套
16				15	南京国际博览中心三期	12 套
17		变频给水加压设备（带控制柜）	A	30	南宁国际会展中心	1 套
18				60	扬子江国际会议中心	77 台
19		恒压供水泵组	A	50	南宁国际会展中心	15 套
20		叠压供水设备	A	40	石家庄国际会展中心	145 套
21		增压稳压设备	A	45	南宁国际会展中心	4 套
22		过滤型射频水处理器、全程水处理器	A	30	南宁国际会展中心	2 个
23		组合式不锈钢板水箱、膨胀水箱	B	25	南宁国际会展中心	6 套
24				40	石家庄国际会展中心	18 套
25		电热水器	B	30	石家庄国际会展中心	215 台
26		灭菌设备、软水设备	B	40	石家庄国际会展中心	43 台
27		高空水炮	B	30	石家庄国际会展中心	120 台
28		锅炉	A	60	扬子江国际会议中心	4 套
29		水箱臭氧自洁器	B	40	石家庄国际会展中心	45 套

续表

序号	设备类别	设备名称	分类	采购周期（d）	使用工程名称	采购数量
30	电气	高低压柜	A	50	南宁国际会展中心	95套
31				60	石家庄国际会展中心	1020套
32		展位箱	A	40	南宁国际会展中心	490套
33				40	南宁国际会展中心（A地块）	205套
34				45	石家庄国际会展中心	1236套
35		干式变压器	A	60	南宁国际会展中心	16套
36				60	南宁国际会展中心（A地块）	4套
37				60	石家庄国际会展中心	2套
38		配电箱	A	50	南宁国际会展中心	500套
39				45	石家庄国际会展中心	3780套
40		消防水炮设备	B	35	南宁国际会展中心	488套
41		消防报警设备	B	35	南宁国际会展中心	3211套
42		智能疏散灯具系统	B	25	南宁国际会展中心	2000套
43		充电桩	B	40	石家庄国际会展中心	145台
44		柴油发电机	A	60	扬子江国际会议中心	5套
45				60	石家庄国际会展中心	2套
46	暖通	制冷机组	A	60	南宁国际会展中心（A地块）	2套
47				90	南宁国际会展中心（B、C地块）	4套
48				60	扬子江国际会议中心	3套
49		风冷热泵机组	A	90	南宁国际会展中心	6套
50				60	南京国际博览中心三期	4套
51		冷却塔	A	50	南宁国际会展中心	8套
52				60	扬子江国际会议中心	14套
53		冷凝机组	B	60	石家庄国际会展中心	1200台
54		板换及冷热源附属设备	A	60	扬子江国际会议中心	32套
55		高压微雾加湿器	B	45	扬子江国际会议中心	38台
56		容积式换热器	B	45	扬子江国际会议中心	12台

续表

序号	设备类别	设备名称	分类	采购周期（d）	使用工程名称	采购数量
57	暖通	空气处理机组	A	50	南宁国际会展中心	78套
58				60	扬子江国际会议中心	96套
59		风机	A	45	南宁国际会展中心	270台
60				60	石家庄国际会展中心	995台
61				60	扬子江国际会议中心	285台
62				60	南京国际博览中心三期	121台
63		风机盘管	B	30	石家庄国际会展中心	2854台
64				25	南京国际博览中心三期	4000台
65				25	南宁国际会展中心	540台
66				45	扬子江国际会议中心	1205台
67		冷冻水泵、冷却水泵、循环泵	A	60	南京国际博览中心三期	4套
68				60	南宁国际会展中心	24套
69				60	扬子江国际会议中心	29套
70		换气扇、空气幕	B	30	扬子江国际会议中心	222套
71				35～40	南宁国际会展中心（A地块）	122套
72				30	南宁国际会展中心（B、C地块）	564套
73		多联机	A	60	南宁国际会展中心	450套
74				60	南京国际博览中心三期	12套
75		加药装置、补水定压装置、除污装置	A	60	南京国际博览中心三期	4套
76				60	扬子江国际会议中心	5套
77		水处理器	B	35	南宁国际会展中心	4套

会议会展类建筑常用进口材料设备　　　　　表2.3.3-3

序号	材料、设备类别	材料名称	分类	采购周期（d）	使用工程名称	采购数量	备注
1	金属屋面材料	铝复合板	C	20	南京国际博览中心三期	10000m²	
2		钛复合板	A	120	扬子江国际会议中心	47500m²	
3	地面材料	地毯	A	90	南宁国际会展中心改扩建工程	1200m²	羊毛为新西兰进口
4		瓷砖	B	30	南京国际博览中心三期	5000m²	
5	幕墙材料	电动开窗器	A	60	南宁国际会展中心改扩建工程	450套	

续表

序号	材料、设备类别	材料名称	分类	采购周期（d）	使用工程名称	采购数量	备注
6	幕墙材料	玻璃防爆膜	A	60	南宁国际会展中心改扩建工程	25000m²	
7	暖通设备	锅炉	A	60	扬子江国际会议中心	4套	

1. 常规材料设备采购

目的：进一步规范物资管理运行机制，实现物资全过程管理的标准化、制度化、做好资源保障供应，合理降低材料成本，增加经济效益。

管理原则：物资管理坚持"集中采购、分级管理、公开公正、择优选择、强化管控、各负其责"的原则。

2. 进口材料设备采购

与常规材料和设备采购流程相同，进口材料和设备的采购受到外商交货周期（一般为3~6个月）影响，周期较长。

3. 定制材料设备采购

定制材料设备多为发包方指定类或垄断类材料设备。此类材料和设备的采购根据项目进度由二级单位的合约商务部、采购管理部牵头组织，成立谈判小组。按要求确定竞争性谈判时间，必须保证在签订合同后方可进场实施。

物资单一来源采购管理流程详见项目部"物资管理手册"。

2.4　施　工　组　织

目前会议会展类建筑的屋面结构通常为钢结构形式，主体结构可分为无地下室钢结构、无地下室混凝土结构、有地下室钢结构、有地下室混凝土结构四种类型。

2.4.1　施工组织流程

（1）多个单体展馆类会展项目施工组织流程如图 2.4.1-1 所示。

（2）无地下室混凝土结构施工组织穿插如图 2.4.1-2 所示。

（3）无地下室钢结构施工组织穿插如图 2.4.1-3 所示。

（4）有地下室混凝土结构施工组织穿插如图 2.4.1-4 所示。

（5）有地下室钢结构施工组织穿插如图 2.4.1-5 所示。

2.4.2　施工进度控制

工程进度控制如图 2.4.2-1 所示。

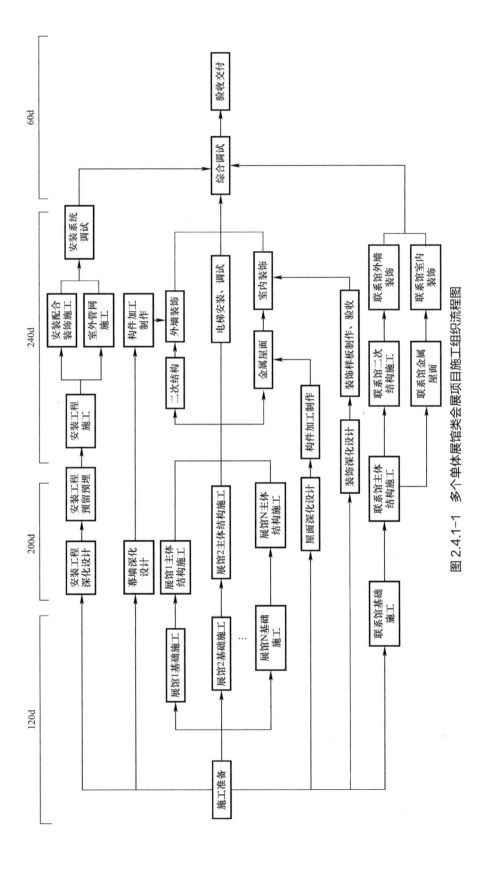

图 2.4.1-1 多个单体展馆类会展项目施工组织流程图

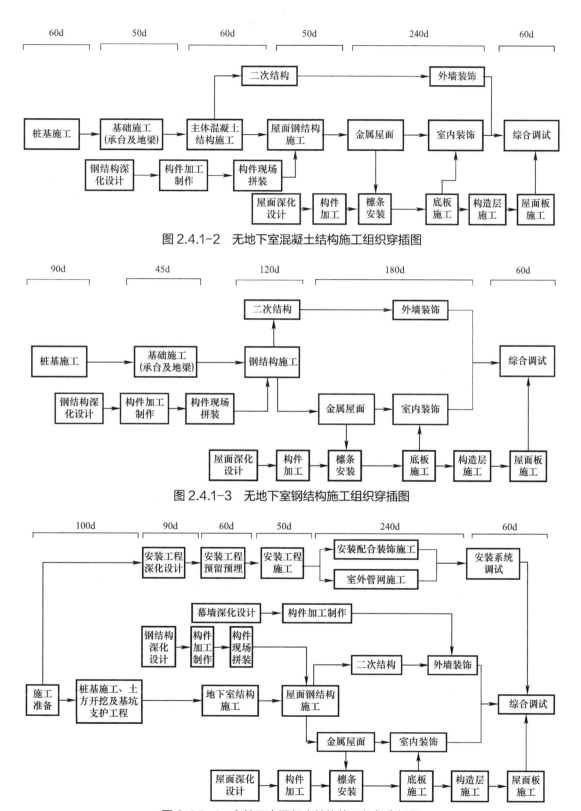

图 2.4.1-2 无地下室混凝土结构施工组织穿插图

图 2.4.1-3 无地下室钢结构施工组织穿插图

图 2.4.1-4 有地下室混凝土结构施工组织穿插图

100d
90d
120d
200d
60d
安装工程深化设计
安装工程预留预埋
安装工程施工
安装配合装饰施工
室外管网施工
安装系统调试
幕墙深化设计
构件加工制作
钢结构深化设计
构件加工制作
构件现场拼装
二次结构
外墙装饰
施工准备
土方开挖及基坑支护工程桩基施工
地下室结构施工
钢结构施工
综合调试
金属屋面
室内装饰
屋面深化设计
构件加工
檩条安装
底板施工
构造层施工
屋面板施工

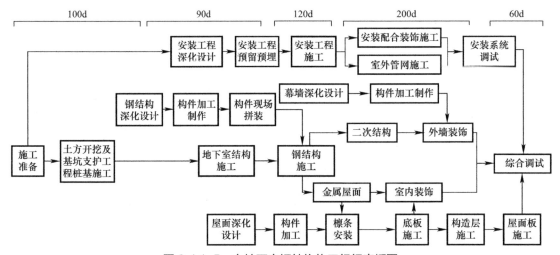

图 2.4.1-5 有地下室钢结构施工组织穿插图

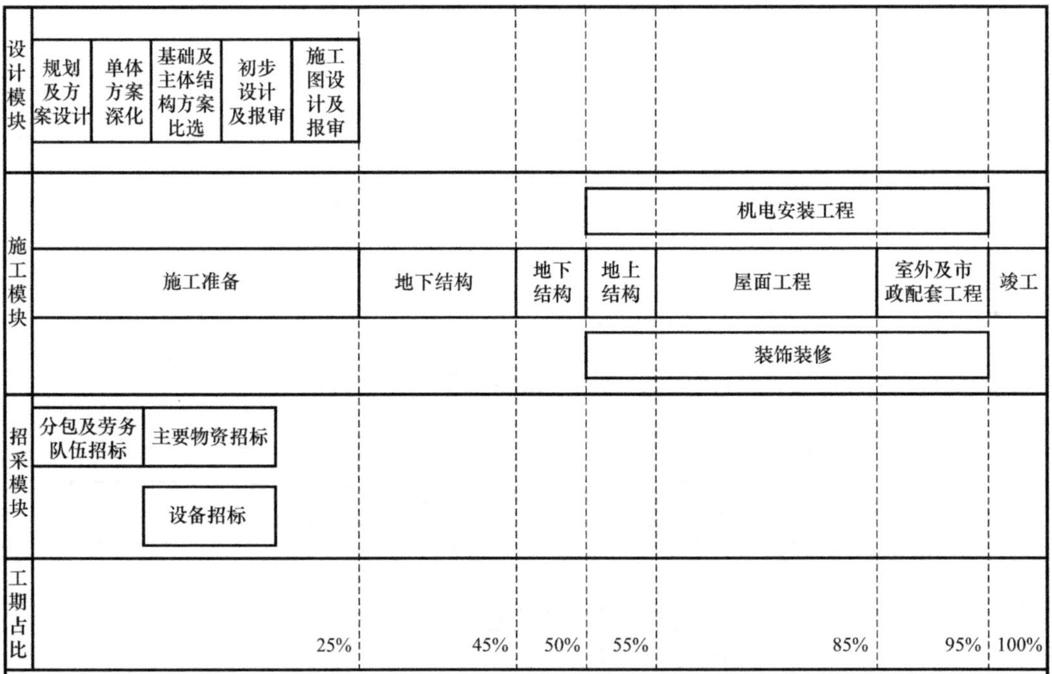

设计模块
规划及方案设计
单体方案深化
基础及主体结构方案比选
初步设计及报审
施工图设计及报审
施工模块
机电安装工程
施工准备
地下结构
地下结构
地上结构
屋面工程
室外及市政配套工程
竣工
装饰装修
招采模块
分包及劳务队伍招标
主要物资招标
设备招标
工期占比
25%
45%
50%
55%
85%
95%
100%

说明:

(1) 本关键线路以施工进度计划为主线，设计和招采计划为辅，工期占比刻度线前面为紧前工作，刻度线后面为紧后工作。

(2) 工期占比主要为实际工作时间占比。

(3) 在施工进度板块中，施工准备阶段考虑了设计所需的前置时间，在正式施工之前完成地下结构的设计内容，后续的设计内容均在施工开始之前完成。

(4) 由于会议会展类工程具有特殊性，考虑到政府干预度高，因此对于主体完成后的施工内容应适当增加自由施工时间，以便应对各类设计修改。

(5) 招采类计划应尽量提前制定，与设计计划相结合，各种特殊工艺及设备的选型和参数需提前确定，避免发生深化设计与采购的矛盾和变更，达到设计施工一体化的理想状态

图 2.4.2-1 进度控制

2.5　协同组织

2.5.1　高效建造管理流程

1. 快速决策事项识别

项目管理快速决策是项目高效建造的基本保障，为了实现高效建造，必须梳理影响项目建设的重大事项，根据项目的重要性实现对重大事项的快速决策，优化企业内部管理流程，降低过程时间成本。快速决策事项识别见表2.5.1-1。

快速决策事项识别　　　　　　　　　　　　　　　　　　　表2.5.1-1

序号	管理决策事项	公司	分公司	项目部
1	项目班子组建	√	√	
2	项目管理策划	√	√	√
3	总平面布置	√	√	√
4	重大分包商（主体队伍、钢结构、幕墙、智能化、精装修等）		√	√
5	重大方案的落地		√	√
6	重大招采项目（进口重大设备等）		√	√

注：相关决策事项需符合"三重一大"相关规定。

2. 高效建造决策流程

根据项目的建设背景和工期管理目标，适当调整企业管理流程，给予项目部一定的决策、汇报、请示权，优化项目重大事项决策流程，缩短企业内部多层级流程审批时间。高效建造决策管理要求见表2.5.1-2。

高效建造决策管理要求　　　　　　　　　　　　　　　　　表2.5.1-2

序号	项目类别	管理要求	备注
1	特大项目	（1）特大型（20万㎡以上）会议会展项目，国际级会议会展项目； （2）为某项特定重大会议准备，属于政治任务，社会影响大； （3）根据对会议会展工程的统计，合同工期小于同等规模会议会展项目工期； （4）设立公司级指挥部，由二级单位（公司）领导班子成员担任指挥长，公司各部门领导、分公司总经理为指挥部成员，经过领导班子讨论形成项目部意见书，报送项目指挥部； （5）请示通过后，按照常规项目完善各项标准化流程	项目意见书
2	重大项目	（1）大型（15万~20万㎡）、中型（10万~15万㎡）会议会展项目，国家级会议会展项目； （2）为某项特定重要活动准备，在当地影响力较大； （3）设立分公司级指挥部，由三级单位领导班子成员担任指挥长，进行快速决策	

序号	项目类别	管理要求	备注
3	一般项目	（1）小型（10万 m² 以下）会议会展项目； （2）不设立指挥部，按照常规项目管理	

（1）特大项目：决策流程到公司领导班子，总经理牵头决策。特大项目决策流程如图 2.5.1-1 所示。

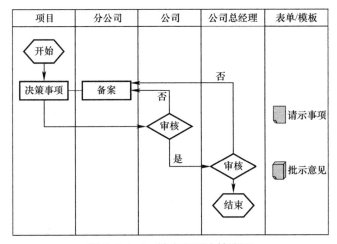

图 2.5.1-1　特大项目决策流程

（2）重大项目：决策流程到分公司领导班子，分公司牵头决策。重大项目决策流程如图 2.5.1-2 所示。

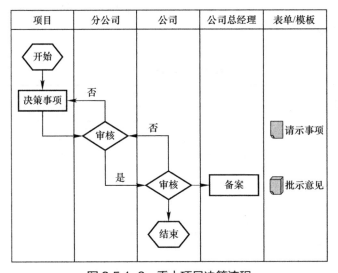

图 2.5.1-2　重大项目决策流程

（3）一般项目：按照常规项目管理。

2.5.2　设计与采购组织协同

1. 设计与采购的关系

（1）设计人员应根据总包合同等文件内容的要求及时拟订请购文件，由采购人员加上商务条款后，汇集成完整的招标询价文件。

（2）设计人员负责对制造厂商的技术方案提出技术评价意见，供采购人员确定供货厂商。

（3）设计人员参加由采购人员组织的厂商协调会，负责技术及图纸资料方面的谈判。

（4）采购人员汇总技术评审和商务评审的意见，进行综合评审，并确定拟签订合同的供货厂商。

（5）在设备制造过程中，设计人员有责任协助采购人员处理有关设计和技术的问题。

（6）设备材料的检验和验收工作由采购人员负责组织，必要时设计人员参加产品试验等出厂前的检验工作。

（7）由于设计变更而引起的设备材料的采购变更，均应按采购变更程序和规定办理。

2. 设计与采购选型协同流程

设计与采购选型协同流程如图 2.5.2-1 所示。

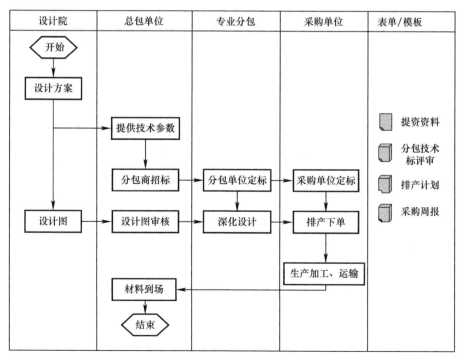

图 2.5.2-1　设计与采购选型协同流程

3. 设计与采购选型协调

（1）电气专业设计与采购选型协调内容见表 2.5.2-1。

电气专业设计与采购选型协调内容　　　　　　　　　　表 2.5.2-1

序号	设备名称	采购选型重点关注的设备参数
1	变压器	功率因数、容量、负载率
2	柴油发电机	容量、重量、转速、频率、功率因数、额定电压
3	UPS 电源柜	输出参数、输入参数、额定运行参数、后备时间
4	密集型母线槽	结构形式、电压等级、耐压等级
5	低压配电柜	额定电压、额定电流

（2）给水排水专业设计与采购选型协调内容见表 2.5.2-2。

给水排水专业设计与采购选型协调内容　　　　　　　　表 2.5.2-2

序号	设备名称	采购选型重点关注的设备参数
1	潜污泵	流量、扬程、功率
2	厨房隔油设备	流量、功率
3	生活给水变频泵组	流量、扬程、功率、电压、总容积、调节容积、起泵压力、停泵压力
4	生活热水换热器	贮热容积、产热水量、供热量、换热面积
5	空气源热泵热水机组	制热量、出水温度、循环水量、功率、电压
6	活性炭过滤器	产水能力、工作压力

（3）暖通专业设计与采购选型协调内容见表 2.5.2-3。

暖通专业设计与采购选型协调内容　　　　　　　　　　表 2.5.2-3

序号	设备名称	采购选型重点关注的设备参数
1	空调循环水泵	扬程、流量、功率、效率、耗电输冷（热）比
2	空调机组	制冷（热）量、风量、进出风温度、功率、机外余压、噪声
3	风机	风量、风压、功率、转速、效率、噪声
4	冷水机组	制冷量、流量、进出口温度、阻力、电压、国标工况输入功率、国标工况运行系数、设计工况输入功率、设计工况运行系数
5	锅炉	制热量、循环水量、进出口温度、功率、电压、效率
6	室外冷却塔	进出口温度、循环水量、塔体扬程、设计工况室外湿球温度、功率、电压、噪声

（4）智能化专业设计与采购选型协调内容见表 2.5.2-4。

智能化专业设计与采购选型协调内容　　　　　　表 2.5.2-4

序号	设备名称	采购选型重点关注的设备参数
1	DDC 控制箱	模块数量，以及相应的 AI、AO、DI、DO 点个数
2	网络交换机	交换容量、包转发率、主机接口数量、接口协议
3	电源供应器	电压
4	户内对讲主机	传输方式、工作温度、显示屏尺寸、分辨率、电源电压、最大功耗、外形尺寸
5	门禁一体机	读卡格式、读卡距离、输入点、输出点
6	管理中心机	CPU、内存、视频编码、网络连接转速、传输协议、显示屏、待机功耗
7	IC 卡	芯片、存储容量、通信速率、工作频率、读写距离、读写时间、工作温度
8	高清网络摄像机	像素、最小照度、水平视场角、接口协议、工作温度和湿度、电源电压、功耗、外卡防护等级
9	液晶显示器	尺寸、最大分辨率、亮度、对比度、响应时间、输入输出接口、电源、功耗、工作温度和湿度、裸机尺寸
10	出入口管理机	电源、工作电压、功耗、读卡距离、脱机存储信息量、通信接口、输入输出接口
11	电动栏杆机	电源、工作温度和湿度、平均无故障使用次数、门臂长度及起落时间
12	高灵敏车辆检测器	工作电源、频率范围、灵敏度、线圈感应、响应时间、脉冲、干接点

2.5.3　设计与施工组织协同

施工过程中采取"总承包单位牵头，以 BIM 平台为依托，带动专业分包 BIM"的 BIM 协同应用模式，覆盖土建、钢结构、机电、幕墙及精装等所有专业。

1. 建立设计管理例会制度

每周在项目部现场至少召开一次设计例会，建设、设计、总包、监理等单位参加，主要协调解决设计相关问题，不同阶段各有侧重：设计图纸完成前，以沟通设计进度、讨论设计方案为主；设计图纸完成后，主要解决施工过程中的设计问题。

2. 建立畅通的信息沟通机制

建立设计管理交流群，使设计与现场工作相互协调；设计人员应及时了解现场进度情况，为现场施工创造便利条件；现场人员应加强与设计人员的沟通与联系，及时反馈施工信息，快速推进工程建设。

3. BIM 协同设计及技术联动应用制度

为最大限度地解决好设计碰撞问题，总包单位前期组织建立 BIM 技术应用工作团队入驻设计单位办公，统一按设计单位的相关要求进行模型创建，发挥 BIM 技术的作用，提前发现有关的设计碰撞问题，将问题提交给设计人员及时进行纠正。

4. 重大事项协商制度

为控制好投资，做好限额设计与管理的各项工作，各方应建立重大事项协商制度，及时对涉及重大造价增减的事项进行沟通、协商，对预算费用进行比较，确定最优方案，在保证投资总额不变的前提下，确保工程建设品质。

5. 顾问专家咨询制度

建立重大技术问题专家咨询会诊制度，对工程中的重难点进行专项研究，制定切实可行的实施方案，并对涉及结构与作业安全的重大方案进行专家论证，先谋后施，不冒进，不盲目施工，在确保质量安全的前提下狠抓工程进度。

2.5.4　采购与施工组织协同

1. 采购与施工的关系

（1）在编制设备材料采购进度计划时，按项目总进度计划要求，由采购人员提出所有设备材料进场时间计划方案。

（2）设备材料采购计划应明确设备材料的到货时间和数量，以及进场的时间要求等，与工程进度配合做好验收准备等工作。

（3）设备材料运抵现场后，采购人员应通知供货厂商人员到场与现场设备材料管理人员进行交接，根据验收标准进行检验。

（4）对于验收中出现的产品质量不合格、缺件、缺资料等问题，应在检验记录中做详细记载。设备在安装调试过程中，出现与制造质量有关的问题，采购人员应及时与供货厂商联系，采取措施，及时处理。

（5）项目完工后，物资管理人员应对多余物资进行清点统计并将其提交给采购人员处理。

2. 采购部门人员职责

（1）工程设备、材料涉及专业多、专业性强、供应量大、协调工作量大，为加大项目物资供应管理工作力度，除配置负责物资采购工作的负责人、材料设备采购人员、计划统计人员、质量检测人员以及物资保管人员以外，还针对发包方、其他分包商设备材料供应配备相关的协调负责人、协调管理人员，实行专人专职管理，全面做好工程设备材料供应工作。

（2）供应管理主要人员职责见表2.5.4-1。

供应管理主要人员职责　　　　　　　　　　　表2.5.4-1

序号	人员	主要职责
1	物资采购部门负责人	（1）严格执行招标投标制度，确保物资采购成本，严把材料设备质量关。 （2）负责集采以外物资的招标采购工作。 （3）定期组织检查现场材料的使用、堆放，杜绝浪费和丢失现象。 （4）督促各专业技术人员及时提供材料计划，并及时反馈材料市场的供应情况，督促及时到货，向设计负责人推荐新材料，报请设计方、发包方批准材料代用。 （5）负责材料设备的节超分析、采购成本的盘点

续表

序号	人员	主要职责
2	设备材料采购人员	（1）按照设备、材料采购计划，合理安排采购进度。 （2）参与大宗物资采购的招标议标工作，收集分供方资料和信息，做好分供方资料报批的准备工作。 （3）负责催货和材料设备的提运。 （4）负责施工现场材料堆放和物资储运、协调管理
3	计划统计人员	（1）根据专业工程师的材料计划，编制物资需用计划、采购计划，并使其满足工程进度需要。 （2）负责签订的关于物资的技术文件的分类保管，立卷存查
4	物资保管人员	（1）按规定建立物资台账，负责进场物资的验证和保管工作。 （2）负责进场物资的标识。 （3）负责进场物资的各种资料的收集保管。 （4）负责进退场物资的装卸运输
5	质量检测人员	（1）负责按规定对本项目材料设备的质量进行检验，不受其他因素干扰，独立对产品做好放行或质量否决，并对其决定负直接责任。 （2）负责产品质量证明资料评审，填写进货物资评审报告，出具检验委托单，签章认可，方可投入使用。 （3）负责防护用品的定期检验、鉴定，对不合格品及时报废、更新，确保使用安全

3. 材料设备采购协同管理

材料设备采购协同管理流程如图2.5.4-1所示。

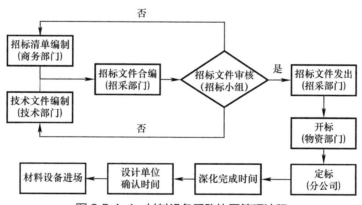

图2.5.4-1 材料设备采购协同管理流程

4. 材料设备采购管理制度

材料设备采购管理制度见表2.5.4-2。

材料设备采购管理制度　　　　　　　　　　　　　　　　表2.5.4-2

序号	管理项目	主要管理制度
1	采购计划	按照施工总进度计划编制设备材料到场计划，项目经理部应及时进行供货进度控制总结，内容包括设备材料合同中的到货日期、供应进度控制中存在的问题及分析、施工进度控制的改进意见等

序号	管理项目	主要管理制度
2	采购合同	供应合同的签订是一种经济责任，该合同必须由供应部统一负责对外签订，其他单位（部门）不得对外签订合同，否则财务部将拒绝付款
3	进货到场	对于已签订合同的设备、材料由供应部门根据库存和工程使用量情况实行分批进货。对于常用零星物资要根据需求部门的需求量和仓储情况进行分散进货，做到物资库存合理、数量充足、品种齐全
4	进场验收	设备、材料进场时实行质检人员、物资保管人员、物资采购人员联合作业，对物资质量、数量进行严格检查，做到货板相符，把好设备材料进场质量关
5	采购原则	采购业务工作人员要严格履行自己的职责，在订货、采购工作中实行"货比三家"的原则，询价后对供应商进行报审核准，不得私自订购和盲目进货。在重质量、遵合同、守信用、售后服务好的前提下，选购物资，保证质优价廉。同时要实行首问负责制，不得无故积压或拖延进行有关商务、账务工作
6	职业技能学习提高	为掌握瞬息万变的市场经济商品信息，如价格行情等，采购人员必须经常自觉学习业务知识，提高从事采购工作的能力，以保证及时、保质、保量地做好物资供应工作
7	遵守职业道德	物资采购工作必须始终贯彻执行有关政策法令，严格遵守公司的各项规章制度，做到有令即行，有禁即止。全体物资采购人员必须牢固树立起发包方主人翁思想，尽职尽责，在采购工作中做到廉洁自律、秉公办事、不谋私利

5. 材料设备采购管理

（1）材料设备需用计划

针对工程所使用的材料设备，各专业工程师需进行审图核查、交底，明确设备材料供应范围、种类、规格、型号、数量、供货日期、特殊技术要求等。物资采购部门按照供应方式，对所需要的物资进行归类，计划统计员根据各专业的需用计划进行汇总平衡，结合施工使用、库存等情况统筹策划。

设备材料需用计划是制定采购计划和向供应商订货的依据，其中应注明产品的名称、规格型号、单位、数量、主要技术要求（含质量）、进场日期、提交样品时间等。对物资的包装、运输等方面有特殊要求时，应在设备材料需用计划中注明。

（2）采购计划的编制

物资采购部门应根据工程材料设备需用计划，编制材料设备采购计划，报项目商务经理审核。物资采购计划中应有采购方式、采购人员、候选供应商名单和采购时间等。物资采购计划中，应根据物资采购的技术复杂程度、市场竞争情况、采购金额以及数量确定采购方式——招标采购、邀请报价采购和零星采购。

（3）供应商的资料收集

按照材料设备的类别，分别进行设备、材料供应商资料的收集以备选择。候选供应商的主要来源如下：

1）从发包方给定品牌范围内选其二，采购部门通过收集、整理、补充合格供方的最新资料，将供应商补充纳入公司《合格供应商名录》，供项目采购时选择；

2）从公司《合格供应商名录》中选择，并优先考虑能提供安全、环保产品的供应商。

（4）供应商资格预审

招标采购供应商和邀请报价采购供应商优先从公司《合格供应商名录》中选择。如果参与投标的供应商或拟邀请的供应商不在公司《合格供应商名录》中，则应由项目物资采购部门负责进行供应商资格预审。供应商资格预审要求见表2.5.4-3。

供应商资格预审要求 表2.5.4-3

序号	项目	具体要求
1	资格预审表填写	物资供应部门负责向供应商发放供应商资格预审表，并核查供应商填写的供应商资格预审表及提供的相关资料，确认供应商是否符合要求资质
2	供应商提供资格相关资料核查	核查供应商提供的相关资格资料，应包括：供货单位的法人营业执照、经营范围、任何关于专营权和特许权的批准、经济实力证明材料、履约信用及信誉证明材料、履约能力证明材料
3	经销商的资格预审	对经销商进行资格预审时，经销商除按照资格预审表要求提供自身的有关资料外，还应提供生产厂商的相关资料
4	其他要求	合格供应商名单内或本年度已向其进行过一次采购的供应商，不必再进行资格预审，但当供应商提供材料设备种类发生变化时，则要求供应商补充相关资料

在供应商经资格预审合格后，物资采购部门将其汇总成"合格供应商选择表"，并根据对供应商提供产品及供应商能力的综合评价结果选择供应商。综合评价的内容根据供应商提供的产品对工程的重要程度不同而有所区别，具体规定见表2.5.4-4。

供应商综合评价表 表2.5.4-4

供应商类型	评价内容				
	考察	样品/样本报批	产品性能比较	供应商能力评价	采购价格评比
主要/重要设备	●▲	●▲	●▲	●▲	●▲
一般设备	△	○△	●▲	●▲	●▲
主要/重要材料	●▲	●▲	●▲	●▲	●▲
一般材料	○	○△	●▲	●▲	●▲
零星材料	○	△	●▲	△	●▲

注：●—必须进行的评价，○—根据合同约定和需要选用；

▲—必须保留的记录，△—该项评价进行时应保留的记录。

（5）考察

必要时，项目部在评价前对入选厂家进行现场实地考察。考察由物资采购负责人牵头组织，会同发包方、监理方及相关部门有关人员参加。

考察的内容包括生产能力、产品品质和性能、原料来源、机械装备、管理状况、供货能力、售后服务能力、运输情况等，并对供应厂家提供保险、保函能力进行必要的调查。

考察后，组织者将考察内容和结论写入《供应商考察报告》，作为对供应商进行能力评价的依据。

（6）报批审查

根据合同约定、发包方要求以及工程实际情况，对于需要进行样品/样本审批的设备、材料，项目质量管理部应提前确定需求，并向项目采购人员提交样品/样本报批计划，明确需要报批物资的名称、规格、数量、报批时间等要求。

设备、材料采购人员负责样品/样本搜集与询价。收到样品/样本后，采购人员应填写样本/样品送审表并将该表随样品/样本一起提交给发包方、监理方和设计方办理审批。

（7）综合评价及供应商的确定

通过对资格预审情况、考察结果、样品/样本报批结果、价格与工程要求的比较，对供应商进行以下方面的评价：

1）供应商和厂家的资质是否符合规定要求；

2）产品的功能、质量、安全、环保等方面是否符合要求；

3）价格是否合理（必要时应附成本分析）；

4）生产能力能否满足工期要求；

5）供应商提供担保的能力是否满足需要。

根据上述评价结果选出"质优价廉"者作为最终中标供应商。供应商确定时，由设备材料采购部门提出一致意见，报项目经理批准，提交发包、监理等相关单位审查批准。

（8）签订采购合同

物资采购部门负责人在与供应商进行采购合同（订单）洽谈时，应与供应商就采购信息充分沟通，并在采购合同（订单）中注明采购物资的名称、规格型号、单位和数量、进场日期、技术标准、交付方式以及质量、安全和环保等方面的内容，规定验收方式以及发生问题时双方所承担的责任、仲裁方式等。

物资采购部门负责人负责组织合同拟定和会签工作。采购合同必须在公司商务管理部（物资管理部）提供的标准合同文本基础上，结合工程进度、资金的实际情况进行编制。

在签订合同前应主动征求有关部门和专业技术人员的意见，确保所采购的物资符合质量要求；同时要对购货合同进行登记，便于办理提货及付款手续。根据设备材料供应的计划，寻找供应商签订大宗设备材料的供货合同，以保证大宗物资供应的稳定性、可靠性。

采购合同需物资采购、技术质量、设计管理、工程、安全、商务、财务负责人会签。项目经理予以批准，并按照联签细则进行签署。

采购合同签订后，物资采购部门应将采购合同正本、采购合同审批会签单交商务合约部门保存，将采购合同副本（或复印件）发至项目部并对项目部进行采购合同交底。此外，物资采购部门应保存一份采购合同副本。

（9）供应商生产过程中的协调、监督

为了保证各种设备材料及时、保质、保量供应到位，宜派出材料设备监造人员，对部分重要设备材料的生产或供应过程进行定期跟踪协调和驻场监造。

（10）合理组织材料设备进场

会议会展工程工期紧，室外场地紧张，为避免施工过程中各阶段所需的设备、材料延期或提前进场，导致现场场地空间布置混乱，需提前对材料堆放场地进行合理布置，根据施工总体进度要求，合理安排设备材料分批进场，同时优先安排重点设备材料进场，并及时就位安装施工。

高效建造技术

3.1 设计技术选型

3.1.1 建筑专业主要技术选型

1. 金属屋面体系

金属屋面的构造层次应根据金属屋面所属的建筑性质和使用要求综合确定,常见的金属屋面做法构造层次如表 3.1.1-1 所示。

金属屋面做法构造层次表   表 3.1.1-1

序号	层次	作用	做法举例	备注
1	双层金属屋面装饰面层(含转换龙骨、转换夹具)	装饰作用、屋面最终完成效果	铝单板、玻璃、铝蜂窝板、钛锌蜂窝板等	强度满足可上人要求
2	屋面面层	防水层/结构层	铝镁锰直立锁边、金属屋面板	结构层,铝板 0.9mm,钢板 0.65mm
3	通风降噪层	隔声层/导气通风层	通风降噪丝网	
4	柔性防水层	防水垫层	PVC、TPO、APP、SBS 等	
5	找平层	提供柔性防水层铺贴面	埃特板、钢板、镀锌钢板、镀铝锌钢板	
6	承托层	找平层承托	压型钢板、压型铝板、埃特板、木板	
7	保温层	保温隔热	玻璃丝棉板保温层	密度正常即可
8	吸声层	室内吸声	低密度玻璃棉	

序号	层次	作用	做法举例	备注
9	防尘层/隔汽层	防尘、隔汽	无纺布、纤维布、防水透气膜	
10	承托层	承托吸声层	钢丝网、拉伸网、装饰底板	
11	屋面结构层	结构构件	钢檩条、钢支托、钢屋架	
12	装饰吊顶层	室内饰面底板	打孔镀锌压型钢衬板	

金属屋面常见构造示意图如图 3.1.1-1 所示。

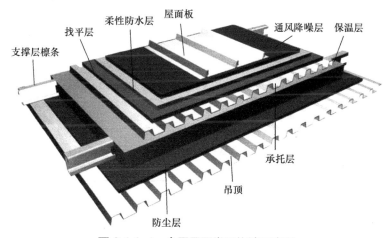

图 3.1.1-1　金属屋面常见构造示意图

会议会展类项目金属屋面类型见表 3.1.1-2。

会议会展类项目金属屋面类型表　表 3.1.1-2

序号	项目名称	金属屋面做法	屋面结构
1	国家会展中心（天津）一期	0.9mm 厚直立锁边铝镁锰板（氟碳喷涂）； 高分子防水卷材； 70mm 厚岩棉板； SBS 改性沥青隔气层； 波形钢板； 50mm 厚玻璃棉吸声板； 吊顶层	钢结构桁架
2	西安丝路国际会展中心	3.0mm 厚铝板装饰层（氟碳喷涂）； 1.0mm 厚 65/300 型铝镁锰合金金属屋面板（氟碳辊涂）； 50mm 厚玻璃纤维降噪棉； 1.5mm 厚 TPO 防水卷材； 2×50mm 厚保温岩棉； 0.3mm 厚 PE 防潮隔气层；	空间桁架

续表

序号	项目名称	金属屋面做法	屋面结构
2	西安丝路国际会展中心	1.0mm 厚镀铝锌 750 型压型钢底板； 50mm 厚玻璃纤维保温层； 无纺布； 0.8mm 厚镀铝锌 840 型穿孔压型钢底板	空间桁架
3	扬子江国际会议中心	4mm 钛复合板； 铝合金龙骨（对边通长布置）表面处理（氟碳喷涂，阳极氧化）； 1mm 厚直立锁边 65/400 型铝镁锰面板； 1.5mm 厚 TPO 防水卷材； 2.5mm 厚镀锌衬檩 /2.5mm 厚镀锌几字钢件（L=150mm，@1200mm）； 50mm+50mm（100mm）厚保温岩棉（密度为 140kg/m³）； 0.8mm 厚压型钢板（1.5mm 厚平钢板）；160mm×80mm×4mm 热浸镀锌钢矩通（@1200mm）； 0.3mm 厚单侧非光滑复合聚丙烯（防潮）隔汽膜； 75mm 厚吸声玻璃棉（密度为 48kg/m³）（75mm 厚吸声岩棉，80K）； 无纺布（单位重量为 100g/m²）； 1mm 厚 3W 侧面穿孔结构楼承板（穿孔率为 18%；孔径 5mm）； 底板龙骨为 10 号槽钢、屋面檩托为 200mm×12mm+20mm 钢板； 主钢结构	钢结构桁架（平面桁架 + 三角桁架 + 空间桁架）

（1）金属屋面设计原则

金属屋面体系是会议会展类建筑高效建造优先采用的屋面体系，金属屋面设计应遵循以下原则：

1）根据结构选型进行屋面材料选型；

2）根据当地气候条件进行屋面材料选型；

3）根据排水设计特点进行节点设计；

4）根据建筑功能要求、建筑等级进行屋面材料（构造层次）选型。

（2）金属屋面常见问题与设计对策

各类金属屋面板材料对比见表 3.1.1-3。

各类金属屋面板材料对比表   表 3.1.1-3

序号	项次	铝镁锰板	钛锌板	钢板
1	材质	材质为铝镁锰的合金，一般屋面墙面用板为 3004 型。大多数情况下，都需要进行表面处理，涂层一般采用氟碳喷涂处理	钛锌板为高级金属合金板，成分主要为锌以及少量的铜、钛等合金材料。表面颜色为自然氧化的钝化层，不同于油漆喷涂，因此寿命较长，表面涂层被破坏后还有自愈功能	常用彩涂钢卷。钢在抗氧化、耐腐蚀、耐高温、耐低温、耐磨损以及特殊电磁性等方面往往较差，不能满足特殊使用性能的需求

续表

序号	项次	铝镁锰板	钛锌板	钢板
2	美观度	表面颜色完全依表面处理颜色而定，表面涂层破坏后容易出现色差	自然氧化的钝化层天然美观，与任何建筑材料搭配都非常和谐美观，而且颜色非常和谐	表面颜色完全依表面处理颜色而定，表面涂层破坏后容易出现色差
3	使用年限	通常寿命为5～10年（恶劣环境下寿命更短）。一旦表面涂层被破坏则腐蚀得更快	通常寿命为80～100年。致密的表面钝化层可以完全保证内层材料不继续被氧化	寿命短
4	固定方式	大部分系统会采用胶来防水，有时铝板的系统钉子还会外露，会有一定的漏水隐患	依建筑造型以及选取的系统而定，但是所有的固定方式都不用胶，而且钉子不会外露	大部分系统会采用胶来防水，有时钢板的系统钉子还会外露，会有一定的漏水隐患
5	抗风性	抗风性取决于构造合理性	抗风性取决于构造合理性	抗风性取决于构造合理性
6	防水性	依系统而定，通过有效施工使其防止漏水	依系统而定，但是其非常好的柔韧性以及可焊接的特性可以杜绝漏水	依系统而定，通过有效施工使其防止漏水
7	维护性	要经常清洗以确保干净的建筑物外观	锌板的钝化层具有自洁功能，为后期节省了大量的维护成本	在耐腐蚀、耐高温、耐低温、耐磨损以及特殊电磁性等方面往往表现较差，不易维护
8	加工性能	其较短的寿命和大量的维护成本使得工程整体成本增加。最小弯曲半径为3m，铝板做成球形或二维的曲面较困难	锌板的延展性和加工性很好，最小弯曲半径甚至可达到0.3m，能满足各种形式的建筑设计要求	钢材硬度较高，加工难度最大
9	综合造价	500～1000元/m²	900～1200元/m²	450～1000元/m²

2. 外保温体系

保温装饰一体化板具有生产工厂化、安装快速、安全耐久、防水透气、表观豪华等特点，是性价比较高的外墙保温装饰一体化系统，可以供不同地区、不同建筑物外墙外保温工程选用，也适合于会议会展建筑高效建造采用。

（1）保温装饰一体化板的性能及特点

保温装饰一体化板是指将EPS、XPS、聚氨酯、酚醛泡沫或无机发泡材料等保温材料与多种造型、多种颜色的金属装饰板材或无机预涂装饰板有机复合形成的一种材料，按保温芯材类型可分为有机保温板型和无机保温板型。

保温装饰一体化板特点如下：

1）功能多，成本低。传统上，装饰材料与保温材料是互相独立的产品，用户从不同的厂家购买，由不同的单位施工。而保温装饰板同时具有装饰与保温的双重功能，功能增加，成本降低。

2）机械化。传统的外立面装饰与保温系统施工均采用手工作业模式，施工人员和作业环境会直接影响最终质量。而保温装饰板采用机械化作业模式，彻底消除了作业环境和人为因素带来的质量不确定性。

3）成品化。保温装饰板不仅实现了涂料成品化、保温成品化，而且最终实现了涂料保温一体成品化、铝板保温一体成品化及石材保温一体成品化，为产品质量与施工质量提供了强有力的保证。

4）适用性。保温装饰板的节能效果能满足国家强制性节能规定；而保温装饰板饰面层的高耐候性，更足以抵抗酸雨、盐雾等侵袭，因而具有非常好的适用性。

5）饰面的多样性。产品外表面采用仿石漆作为装饰面，色彩样式品种多，可依据客户的喜好定制。

6）安装灵活快捷。安装十分简便，本产品采用固定螺栓打孔的固定方式，因此无需基层处理，可直接无龙骨干挂板安装，缩短工期。

（2）保温装饰一体化板系统的组成

保温装饰板系统一般由饰面层、涂饰面板、胶粘剂、保温层组成，若涂饰面板采用天然石材、墙砖、陶土板等具有饰面效果的板材，则无需饰面层。

饰面层：主要采用氟碳漆，其耐候性好、抗腐蚀性强、自洁功能好、装饰效果好，另外还采用以氟碳树脂为成膜物的真石漆、水溶性漆、质感涂料、仿石漆。

涂饰面板：是一种以硅钙板为主要材料经特殊工艺制作而成，具有高强度、保温、防水、防火性能的无机板材，也可以是铝板、铝塑板、增强水泥板等。

保温层：可以是 EPS 膨胀泡沫聚苯板、XPS 泡沫聚苯挤塑板、聚氨酯发泡保温板、酚醛发泡保温板、膨胀玻化微珠板、膨胀珍珠岩板、泡沫玻璃板等有机或无机保温板。有机保温板防火性能差，需封闭处理，无机保温板防火性能好。

胶粘剂：是使饰面板与保温层紧密结合的必需材料，其粘结强度高，耐高低温性能优越，防水性强，是一种高强度、有弹性的结构胶粘剂，一般不会在粘结处撕开。

（3）保温装饰一体化板系统组成的选择

保温装饰一体化板与目前其他外墙外保温节能系统相比具有工业化水平高、标准化程度高、组合更加多样化、施工装配效率高、装饰性好等特点，是一种综合性价比高的外墙外保温节能体系。

1）保温层

EPS、XPS 保温板为早期保温装饰一体化板的主要保温材料，随着国家政策对建筑保温材料防火等级的要求逐渐提高，以 EPS、XPS 保温板作为保温材料的保温装饰一体化板的市场越来越小。保温装饰一体化板使用的有机保温材料以酚醛防火保温板、聚氨酯保温板为主，其同样存在体积稳定性差、易粉化等缺点，市场上主要通过复合夹心处理及封边（即聚氨酯保温板、酚醛防火保温板两面复合耐碱网格布、聚合物抗裂抹面浆料组成的材料或其他双面不燃材料）等方式解决上述问题，其防火性能达到 A 级，同时具有导热系数低、拉伸粘结强度高、耐候性好、抗风荷载性能优越、支持多种外饰面等优点。

无机保温材料防火等级高，均可达到 A 级，符合政策要求，适合用作保温装饰一体化板的保温材料，使用时可不用对保温板进行复合夹心处理，直接应用，但无机保温板材脆性或强度低，且导热系数一般较大，保温层厚度大，在实际应用过程中需根据实际情况对板材进行相应处理。

2）装饰面层

金属漆面板主要以铝单板为主（钢板价格高、铝塑复合板抗老化性能差），金属面板不开裂，不吸水，硅酮密封胶对金属材质具有很强的粘结力和柔韧性，能起到很好的防水、抗裂作用。

无机漆面板可以高密度板无机树脂板或硅钙板作为复合保温板的饰面板，无机漆面板价格低，但具有存在防水、抗裂缺陷，硅铜密封胶与无机板具有不兼容性等问题，因此装饰面层采用无机漆面板时首先要做好板材的防水，同时还要加强对板缝的处理。

对于装饰面板也可以考虑采用当地具有装饰效果的板材进行饰面，如天然石材、墙砖、陶土板等，这些材料无需进行表面装饰，工艺简单。

3）保温层与装饰面层的粘结

保温层与装饰面层的粘结主要是指通过相应的工艺将已经处理好的保温层与装饰面层采用胶水粘结在一起，形成保温装饰一体化板。其关键是胶水的选择，胶水应当具备粘结性能好、耐候性及耐久性优异等特点，目前市场上的不燃无机胶主要用于保温装饰一体化板。

3. 非承重墙

室内非承重隔墙采用新型墙体材料，可降低工人的劳动强度，加快施工速度。轻质内隔墙材料主要有 ALC 板材、陶粒混凝土板、复合墙板等各类墙板，下面以常见的 ALC 板材为例进行说明。

ALC 是蒸压加气混凝土（Autoclaved Lightweight Concrete）的简称，ALC 板是以粉煤灰（或硅砂）、水泥、石灰等为主要原料，经过高压蒸汽养护而成的多气孔混凝土成型板材（其中板材需使用经过处理的钢筋进行增强），是一种性能优越的新型建材。ALC 板与加气混凝土砌块的主要特点对比见表 3.1.1-4。

ALC 板与加气混凝土砌块的主要特点对比　　　　　表 3.1.1-4

序号	比较项目		蒸压轻质加气混凝土板	加气混凝土砌块
1	性能对比	规格	内部有双层双向钢筋，宽度为 600mm，厚度分别为 100mm、120mm、150mm 等，可按照现场尺寸加工，最大长度为 6m	加气砌块的常规长度为 600mm；不能定尺生产，内部无钢筋加强

续表

序号	比较项目		蒸压轻质加气混凝土板	加气混凝土砌块
1	性能对比	隔声	100mm 厚 ALC 板隔声指数为 40.8dB，每块板面积最大可达 3.6m²，性能均匀，板缝较少，整体隔声效果好	砌筑时需要使用砂浆进行处理，墙面砖缝较多，砖缝不密实时隔声性能降低
		防火	100mm 厚 ALC 板防火时间大于 3.62h。板内部有双层双向钢筋支撑，发生火灾时不易过早整体坍塌，能有效防火	因无整体网架支撑，发生火灾时墙体会层层剥落，在短时间内造成坍塌
		结构	墙板不需构造柱、配筋带、圈梁、过梁等辅助、加强构件	需设混凝土圈梁、构造柱、拉结筋、过梁等以增加其稳定性及抗震性
2	工期对比	块板安装	可以按照图纸及现场尺寸实测实量定尺加工生产，精度高，可以直接进行现场组装拼接，安装施工速度快	加气砌块为固定尺寸，不能定尺生产，且需准备砌筑砂浆等，施工速度慢
		辅助结构	不需要构造柱和圈梁、配筋带辅助，工期较短	需要增加构造柱、圈梁等，工期较长
		装饰抹灰	可以直接批刮腻子，施工速度快	需要挂钢丝网进行双面抹灰且进行湿法施工，速度慢
3	工序对比	工序工种	单一工序及工种即可完成墙体施工	需搅拌、吊装、砌筑、钢筋、模板、混凝土、抹灰等多个工序及工种交叉施工方可完成整个墙体，耗时费力
4	经济对比	材料	假定价格（运输到施工现场）为 90 元 /m²（以用 100mm 厚 ALC 板做内墙为例）	200mm 厚的加气块到工地价格约为 180 元 /m³；折合单价为 36 元 /m²
		砌筑	只需板间挤浆，材料费约为 8 元 /m²；安装人工和工具费用约为 30 元 /m²	砌筑砂浆及搅拌、吊装等价格约为 8 元 /m²；砌筑人工费约为 24 元 /m²
		抹灰	无（ALC 板不用抹灰，直接批刮腻子）	双面抹灰砂浆及搅拌、吊装、钢丝网等价格约为 15 元 /m²；双面抹灰人工费约为 25 元 /m²
		抗震构造	无（ALC 板不需要拉结筋、构造柱、圈梁或配筋带等抗震构造）	砌块墙体需设拉结筋、构造柱、圈梁或配筋带，材料和人工费用造价约合 30 元 /m²
		措施费取费	无（ALC 板由厂家负责施工，价格一次包干，无措施费及定额取费）	框架结构墙体工程措施费及定额取费约 30 元 /m²
		最终价格	100mm 厚 ALC 板墙体直接和间接造价不大于 130 元 /m²	加气砌块墙体直接和间接造价不低于 168 元 /m²

4. 玻璃幕墙

单元式玻璃幕墙：是指将各种墙面板与支承框架在工厂加工成完整的幕墙结构基本单位，直接安装在主体结构上的建筑幕墙。单元式玻璃幕墙施工特点见表 3.1.1-5。

单元式玻璃幕墙施工特点　　　　　　　　　　　　表 3.1.1-5

类型	性能说明	高效建造优点	缺点
单元式玻璃幕墙	（1）施工工期短，大部分工作在工厂完成，现场仅吊装、就位固定，工作量占全部幕墙工作量的份额很小。幕墙吊装可以和土建同步进行，总工期缩短。（2）可以设计各种风格的异形幕墙，使建筑物发挥最佳艺术效果。（3）由于采用对插接缝，幕墙对外界因素的变形适应能力更好；采用雨幕墙原理进行结构设计，提高幕墙水密性和气密性。（4）单元板块在工厂组装，质量控制好	（1）幕墙质量容易控制。（2）现场施工简单、快捷，便于管理。（3）可容纳较大结构位移。（4）防水性能较好；易实现高性能幕墙的要求；适应现代建筑发展的需要	（1）修理或更换比较困难。（2）单元式幕墙的铝型材用量较高，成本比采用相同材料的框架式幕墙更高

框架式玻璃幕墙：将工厂内加工的构件运到工地，按照工艺要求将构件逐个安装到建筑结构上，最终完成幕墙安装。

综合推荐意见：

（1）单元式幕墙适合标准单元规格的玻璃幕墙，因为面板和构件都是在工厂内组装好后整件吊装的，系统的安全性容易保证。但是单元式幕墙对前期资金占用大，对土建施工精度要求高。另外单元式幕墙设计难度大，人工总成本高，材料品种多，单位面积耗材消耗量大，总体造价较高。

（2）框架式幕墙能满足大多数普通幕墙工程及设计造型的要求，对土建施工精度要求一般，现场处理比较灵活，应用最为广泛。

（3）在单元造型标准化程度高、造价允许的情况下，优先推荐采用单元式幕墙。

3.1.2　结构专业主要技术选型

1. 基础选型

会议会展建筑柱跨间距大，使用活荷载大，一般可根据会议会展建筑的规模、跨度选择天然地基基础或桩基础，基于高效建造，建议选用的基础形式见表 3.1.2-1。

会议会展建筑常用基础形式　　　　　　　　　　表 3.1.2-1

基础分类	基础类型	高效建造适用性
天然地基基础	独立基础	优先选用
	筏板基础	
桩基础	预制桩	优先选用
	钻孔灌注桩	
	人工挖孔桩	

注：由于会议会展建筑室内展厅首层地面承载要求为 5t/m²，室外展场地面承载要求为 10t/m²，所以需要根据现场地质情况采取适当的地基处理方法。

2. 下部结构体系选型（混凝土和钢结构的质量、成本、工期比选）

根据国内已建的会议会展建筑的结构形式，在采用大跨度、大层高、非重载屋面的情况下，在采用混凝土框架结构、钢框架－支撑结构、钢管混凝土柱－混凝土梁结构、钢管混凝土柱－钢梁结构等结构形式方面均已有成熟案例，其具体比选见表 3.1.2-2。

会议会展建筑常用下部结构体系形式 表 3.1.2-2

对比内容 结构形式	选型 1 混凝土框架结构	选型 2 钢框架－支撑结构	选型 3 钢管混凝土柱－混凝土梁结构	选型 4 钢管混凝土柱－钢梁结构
结构自重	自重大	自重轻	与选型 1 相当	与选型 2 相当
结构造价	相对较低	相对较高	介于选型 1 与选型 2 之间	与选型 2 相当
防腐防火性能	性能好，维护费用低	性能较好，维护费用高	介于选型 1 与选型 2 之间	优于选型 2
建筑使用功能	竖向构件截面大，观感一般	竖向构件截面小，但支撑可能与建筑功能冲突	竖向构件截面小，观感较好	竖向构件截面小，观感较好
高效建造适用性	脚手架支模要求高，速度慢	现场吊装，施工速度快	施工难度大，施工速度慢	施工难度较大，施工速度较快

3. 上部屋盖结构选型（跨度和形式的比选）

根据会议会展建筑的基本功能需求，一般要求建筑的上部屋盖具有大跨度、大层高及大悬挑等特点，从有利于高效建造的角度出发，根据施工难易程度，上部屋盖结构优先采用形式排序，见表 3.1.2-3（表格自上而下难度递增，序号 1 为最简单）。

上部屋盖结构选型推荐 表 3.1.2-3

序号	结构类型	适用条件（跨度）	对应会展建筑项目
1	刚架结构	12～100m	仅适用于小项目，运用项目较少
2	网架结构	6～120m	宁波国际会议展览中心
3	桁架结构	6～70m	杨凌国际会展中心、青海国际会展中心、西安丝路国际会展中心一期、尼山会堂
4	网壳结构	最大跨度 100m	海南国际会展中心
5	张弦结构	30～200m	长沙国际会展中心、石家庄国际会展中心、厦门国际会展中心三期、南京国际博览中心、天津梅江会展中心二期
6	悬索类结构	最大跨度 200m	郑州国际会展中心

3.1.3 暖通专业主要技术选型

1. 冷热源形式介绍

由于会展中心占地面积较大，且使用功能复杂，常采用的冷热源形式有以下三种。

（1）水冷机组 + 锅炉或市政热源

可根据项目大小选择离心式或螺杆式冷水机组，可根据项目所在地市政条件选择市政热源或燃气燃油锅炉作为热源。该冷热源组合方式较为灵活，是多数会展中心采用的主要冷热源形式。如南宁国际会展中心采用离心式制冷机组，该机组制冷量为 3848kW，耗电量为 659kW，设备价为 194 万元 / 台。冷水机组和板式换热机组示意图见图 3.1.3-1。

冷水机组　　　　　　　　　　　　　板式换热机组

图 3.1.3-1　冷水机组和板式换热机组示意图

（2）地埋管地源热泵冷热水机

因展览中心占地面积较大，可利用展览中心下方区域做地热埋管，该冷热源形式节能环保，无污染物排放，可满足空调、供暖、热水等需求，因部分地区夏季冷负荷和冬季热负荷相差较大，夏季可采用地源热泵与冷水机组搭配的方式，并且冷却塔可组合使用，将一部分热量采用风冷方式排至大气中。采用该冷热源形式，需在方案前期完成土壤热响应实验。地源热泵空调制冷示意图见图 3.1.3-2。

（3）直燃型溴化锂吸收式冷热水机组

该冷热源形式耗电少，不使用氟利昂等制冷剂，环保节能，可实现制冷制热同时进行。直燃型溴化锂吸收式冷热水机组见图 3.1.3-3。

根据展馆面积和使用特点，展馆冷热源通常采用以上提到的三种冷热源形式，对于部分甲方发文确定在冬夏季最冷最热时候不使用的展馆，在进行冷热源选型时，可对冷热负荷计算值做部分折减。

会议部分，因有常年在其中办公的管理人员，宜采用单独的冷热源形式。如会议部分与展馆处于一个系统，则可采用大小机结合的形式，平时实现小机单独运转，节约能源；也可单独设计冷热源，冷热源可选择，采用风冷热泵、多联机等方便独立运行和计量的形式。如南宁国际会展中心在会议部分采用风冷热泵作为一个小系统对其进行供冷。

2. 各冷热源方案优缺点

会议会展类建筑各冷热源方案优缺点对比见表 3.1.3-1。

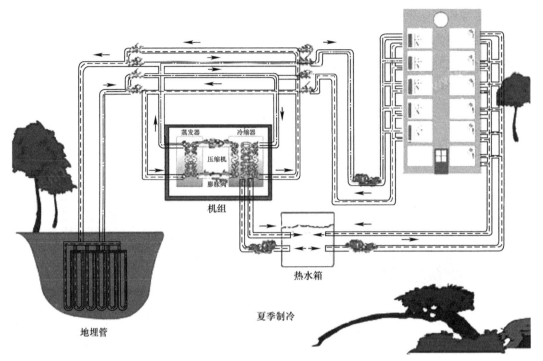

图 3.1.3-2 地源热泵空调制冷示意图

图 3.1.3-3 直燃型溴化锂吸收式冷热水机组

冷热源方案优缺点对比表 表 3.1.3-1

序号	比较项	制冷机 + 锅炉	地源热泵	直燃型溴化锂吸收式冷热水机组	风冷热泵
1	原理	制冷机通过电制冷,并通过冷却塔向室外空气散热;锅炉通过燃烧油或天然气制热	通过从全年温度相对恒定的土壤吸取 / 放出热量来制热 / 制冷	以工作热水为热源,利用吸收式制冷原理,制取低温冷水	通过从室外空气吸取 / 放出热量来制热 / 制冷

序号	比较项	制冷机+锅炉	地源热泵	直燃型溴化锂吸收式冷热水机组	风冷热泵
2	特殊要求	无	对地质有要求	需有燃气	严寒/寒冷地区使用相对受限
3	辅助冷热源	无	为确保全年冷热平衡，通常会设置辅助冷热源（如冷却塔、锅炉等）	无	无
4	机房需求	需要专门的制冷机房和锅炉房（且需泄爆）	机房面积较小，约为冷机房和锅炉房总面积的65%	有专门的制冷机房，需设置泄爆装置，无锅炉房	无
5	室外占地面积	无	需占用大量的室外场地敷设地埋管	无	较小，且集中
6	噪声对室外环境的影响	冷却塔放置在地面绿化带时噪声较大	若系统设置辅助冷源冷却塔，冷却塔放置在地面绿化带时噪声较大	机组位于制冷机房内，噪声对室外环境影响较小	大型螺杆式风冷热泵放置在地面绿化带时噪声较大
7	系统稳定性	全年稳定	相对稳定，需考虑全年冷热平衡，长时间使用后效率有所下降	系统较为稳定	相对稳定，冬季受室外环境（室外温度）影响较大
8	施工便利性	较便利	不便利	较便利	较便利
9	施工周期	较长	长	较短	较短
10	初投资	较低	高	居中	居中
11	推荐性意见	设备形式及制冷量是影响制冷机组运行的最大的因素，当会展建筑面积较大，位于严寒或寒冷地区，有供暖需求且附近有市政热源时，可考虑采用水冷机+市政供热形式；当附近无市政热源，有燃气时可采用水冷机+锅炉形式；当有确定的展览时间或展厅使用次数较少时，会展中心会议和酒店部可与展览部分分设冷热源，夏热冬暖及夏热冬冷地区可考虑采用风冷热泵和多联机系统；场地地质条件允许，且有绿建要求时，可考虑采用地源热泵系统，如当地燃气价格较低，有节能需求时，可考虑采用直燃型溴化锂吸收式冷热水机组。根据会展中心内的供冷面积计算出相应的制冷量，再选用合适的制冷机组，做到合理采购			

3. 各会展中心冷热源形式汇总

会展中心冷热源形式汇总见表 3.1.3-2。

会展中心冷热源形式汇总表　　　　表 3.1.3-2

会展名称	建筑面积/（m²）	冷源形式	热源形式	所处气候地区
国家会展中心（天津）	476764	地埋管地源热泵+离心机组	地埋管地源热泵+市政供热	寒冷地区
石家庄国际会展中心	359213	地埋管地源热泵	地埋管地源热泵	寒冷地区

续表

会展名称	建筑面积/（m²）	冷源形式	热源形式	所处气候地区
郑州国际会展中心	320215	直燃型溴化锂吸收式冷热水机组＋离心机组	直燃型溴化锂吸收式冷热水机组	寒冷地区
西安丝路国际会展中心一期	492267	离心机＋螺杆机	市政供热	寒冷地区
敦煌大剧院	33492	离心机	室外能源中心供热	寒冷地区
上合组织农业科技展示中心	48443	离心机＋风冷热泵	市政供热	寒冷地区
青海国际会展中心	161032	蒸发冷却磁悬浮冷水机组	真空燃气热水锅炉	严寒地区
长沙国际会展中心	301000	直燃型溴化锂吸收式冷热水机组＋离心机组	直燃型溴化锂吸收式冷热水机组	夏热冬冷地区
宁波国际会议展览中心	308185	离心机＋螺杆机（大小机配合）	真空燃气热水锅炉	夏热冬冷地区

　　根据对以上会展中心冷热源分析的结果看，在冷热源选择上，常见的节能措施为选择地源热泵和直燃型溴化锂吸收式冷热水机组。在确定冷热源机组负荷时，可与甲方确定办展时间，例如石家庄国际会展中心，共有 7 个标准展厅，其中 6 个展厅在冬季寒冷时段 2 个月不展览、在夏季炎热时段 1 个月不展览，则对该 6 个标准展厅的冷热负荷可进行折算；甲方发文确定，上合组织农业科技展示中心的展馆将主要在过渡季节使用，故冷热源机组容量按照在负荷计算结果的基础上乘以 0.6 的系数的标准设计，以达到节能降耗的目的。

　　4. 会展中心室内末端空调形式汇总

　　会展中心室内末端空调形式见表 3.1.3-3。

会展中心室内末端空调形式　　　　　　　　　　表 3.1.3-3

室内区域	系统形式	空调箱功能段	气流组织形式
标准展厅	全空气系统	混合＋板式初效过滤（G4）＋静电中效过滤（F8）＋冷热水盘管段＋湿膜加湿段＋风机	长边双侧喷口送风，双侧下回风
多功能大展厅	全空气系统	混合＋板式初效过滤（G4）＋静电中效过滤（F8）＋冷热水盘管段＋湿膜加湿段＋风机	四面侧喷口送风＋中心小区域顶送风
中央大厅、检票大厅	全空气系统＋低温热水地板辐射供暖（仅供暖地区）	混合＋板式初效过滤（G4）＋静电中效过滤（F8）＋冷热水盘管段＋湿膜加湿段＋风机	上送风或侧送风＋下回风

续表

室内区域	系统形式	空调箱功能段	气流组织形式
报告厅、宴会厅、大型会议室等	全空气系统+低温热水地板辐射供暖（仅供暖地区）	混合+板式初效过滤（G4）+静电中效过滤（F8）+冷热水盘管段+湿膜加湿段+风机	上送风+下回风
办公室、小会议室	风机盘管+新风	进风+板式初效过滤（G4）+静电中效过滤（F8）+冷热水盘管段+湿膜加湿段+风机	上送风+上回风

3.1.4　电气专业主要技术选型

现对会议会展类建筑电气专业设计中的几种技术方式进行对比分析。

1. 展位供电方式的比较

大型会展建筑，一般都会有预先的展位划分，3m×3m 是最小的租赁面积，如果租赁几个甚至几十个展位，其用电量的需求和预接口形式会有很大差别。为了应对不同的布展需求，供电接口预留时也要考虑多种形式。对于展位供电方式的对比见表 3.1.4-1。

展位供电方式对比　　　　　　　　　　　　　表 3.1.4-1

序号	比较项	主沟内配电母线+母线插接箱+展位配电箱	主沟内配电母线+周边配电间配电箱+工业连接器	主沟内配电母线+周边配电间配电箱+展位配电箱
1	安全性	展位配电箱内设有断路器，箱体侧面装有工业插座，有明显的电源隔离功能，取电快速方便，安全可靠	无展位配电箱，布展处无电源隔离功能	展位配电箱内设有断路器，箱体侧面装有工业插座，有明显的电源隔离功能，取电快速方便，安全可靠
2	可靠性	如发生故障可以就近断电、维修、更换。单个回路就近取电、断电，不影响其他参展商的正常用电	如发生故障需到周边配电间内检修，可能影响其他参展商的正常用电	如发生故障可以就近断电、维修、更换。单个回路就近取电、断电，不影响其他参展商的正常用电
3	灵活性	可针对不同租户灵活提供不同容量电源接驳口	回路拆分较为粗放，如大量小容量租户的布展形式，则不能适应	可针对不同租户灵活提供不同容量电源接驳口
4	运行维护	展会结束后停电操作不方便	展会结束后可以直接停电，对于运营方操作维护方便	展会结束后可以直接停电，对于运营方操作维护方便
		如一个支路故障引起越级跳闸，会影响同一预分支电缆分支干线上的其他租户，而越级跳闸的主开关会在主沟下的母线插接开关上，一旦展会期间发生故障，检修维护不便	支路跳闸可能会影响相邻租户供电，但可以在配电间看到，检修维护较为方便	支路跳闸不会影响相邻租户供电，可以在配电间看到，检修维护较为方便
5	初装成本	居中	最低	最高
6	推荐性意见	从会展项目所在城市的能级、会展中心的定位以及成本控制等多方面综合考虑		

2. 高压柴油发电机组与低压柴油发电机组的比较

大型会议会展类建筑中人员密集，为确保供电连续性，建议在市电满足一级负荷的供电要求的前提下，再设置柴油发电机组。根据会议会展类建筑内特别重要负荷以及消防负荷的分布情况，可设置高压柴油发电机组或低压柴油发电机组，具体技术经济性分析见表 3.1.4-2。

高压柴油发电机组与低压柴油发电机组对比　　　　　　表 3.1.4-2

序号	比较项	低压机组	高压机组
1	结构	柴油机、发电机、底座、控制屏、附件等	除采用高压发电机外，其余与低压机组相同
2	容量	可多台机组并列运行，最大功率为近 2000kW	可多台机组并列运行，最大功率为近 2500kW
3	输送距离	输送距离较短	输送距离较长
4	损耗	在输配电线路中损耗较大	在输配电线路中损耗较小，基本不存在输送发热问题
5	成本	设备初期投资较少，维护成本较低，低容量、短距离有较大优势，高容量、长距离使用时成本将远远高于高压机组	设备初期投资较大，维护成本较低，在大容量、长距离输配电方面具有明显优势
6	操作维护	操作使用较为简单，对操作使用人员要求较低	操作使用较为复杂，对操作使用人员要求较高，必须具有相应的高压操作证才能操作
7	配置	配置较为简单	配置较为复杂，尤其在发电机及输出配电柜方面，同时在各区域还要配置中压 ATS 或专用降压变压器
8	安全	安全性能较高、技术较为成熟、技术门槛较低	安全性能较高、技术较为成熟、技术门槛较高
9	推荐性意见	低容量、短距离时，推荐使用	大容量、长距离时，推荐使用

3.2　施工技术选型

3.2.1　基坑工程

基坑工程施工技术选型见表 3.2.1-1。

3.2.2　地基与基础工程

地基与基础工程施工技术选型见表 3.2.2-1。

3.2.3　混凝土工程

混凝土工程施工技术选型见表 3.2.3-1。

基坑工程施工技术选型

表 3.2.1-1

序号	结构类型		常见组合	应用特点及适用条件			工期/成本	应用工程实例
	名称	适用条件		优点	缺点			
1	支挡式结构（锚拉式）	（1）基坑等级为一级、二级、三级； （2）适用于较深的基坑； （3）锚杆不宜用在软土层和高水位的碎石土、砂土层中； （4）当邻近基坑有建筑物地下室、地下构筑物等，锚杆的有限锚固长度不足时，不应采用锚杆； （5）当锚杆施工会造成基坑周边建筑物的损害或违反城市地下空间规划等规定时，不应采用锚杆； （6）排桩适用于可采用降水或截水帷幕的基坑	现浇混凝土灌注桩排桩－锚拉式（支撑式、悬臂式）	（1）桩端持力层便于检查，质量容易保证，桩底沉渣宜控制； （2）容易产生较高的单桩承载力，可以扩底，以节省桩身的混凝土用量	（1）受地下水位影响较大，地下水位较高时，施工要注意降水排水； （2）存在透水性较大的砂层时不能采用； （3）桩长不宜过长，施工时应采取严格的安全保护措施； （4）受雨水影响比较大； （5）孔壁混凝土养护周期长，需要较多劳动力，成桩工效较低等	工效较低，需要劳动力多，对安全要求特高；锚索、锚杆劳务分包费用为90元/m	南宁国际会展中心
2	支挡式结构（支撑式）	（1）基坑等级为一级、二级、三级； （2）适用于较深的基坑； （3）锚杆不宜用在软土层和高水位的碎石土、砂土层中； （4）当邻近基坑有建筑物地下室、地下构筑物等，锚杆的有限锚固长度不足时，不应采用锚杆； （5）当锚杆施工会造成基坑周边建筑物的损害或违反城市地下空间规划等规定时，不应采用锚杆； （6）排桩适用于可采用降水或截水帷幕的基坑	现浇混凝土灌注桩（机械成孔）－锚拉式（支撑式、悬臂式）	（1）地下水位较高时，不用降水即可施工，基本不受雨季雨天的影响； （2）机械施工，施工时对周围环境影响较小； （3）钻孔桩可以灵活选择桩径，降低浪费系数； （4）适用于桩身较长的桩基础； （5）可以解决地层中的孤石问题	（1）桩底沉渣难以处理，桩身风化渣影响侧摩阻力发挥； （2）在中风化层很难维扩底，单桩承载力提高； （3）废弃泥浆多，不环保，对现场施工环境要求高； （4）在冲击岩层或孤石时速度慢； （5）若桩孔处于岩层面起伏较大部位易产生斜孔	机械成孔安全性较高，施工工效率为3~5根/（台机（30m左右）	南宁国际会展中心

续表

序号	结构类型		常见组合	应用特点及适用条件		工期/成本	应用工程实例
	名称	适用条件		优点	缺点		
3	支挡式结构（双排桩）	（1）基坑等级为一级、二级、三级； （2）适用于锚拉式、支撑和悬臂式不适用的条件； （3）锚杆不宜用在软土层和高水位的碎石土、砂土层中； （4）当邻近基坑有建筑物地下室、地下构筑物等，锚杆的有效锚固长度不足时，不应采用锚杆； （5）当锚杆施工会造成基坑周边建筑物的损害或者违反城市地下空间规划等规定时，不应采用锚杆； （6）排桩适用于可采用降水或截水帷幕的基坑	双排SMW桩（悬臂式）	（1）结构简单，施工方便，有利于采用大型机械开挖基坑； （2）双排桩主要起负担土压力的作用，前后排桩兼有支护的双重作用； （3）双排桩支护结构形成空间格构，增强支护结构自身的稳定性和整体刚度； （4）在受施工技术或场地条件限制时，悬臂式双排桩支护体系是代替锚拉支护结构的一种好的支护形式，施工简单速度快，投资较少	（1）双排桩的桩间距根据地质条件要求较高； （2）设计受力计算复杂，属于超静定分析，对施工质量要求较高； （3）基坑周边必须留有用于双排围护桩的布置和施工	特殊使用范围，机械施工方便，安全可靠	南宁国际会展中心
4	土钉墙（单一土钉墙）	（1）基坑等级为二级、三级； （2）适用于地下水位以上或降水的非软土基坑，且基坑深度不宜大于12m	单一土钉墙	（1）稳定可靠，经济性好，效果较好，在土质较好的地区应积极推广； （2）施工噪声，振动小，不影响环境； （3）土钉墙成本费与其他支护结构相比显著降低	（1）土质不好地区难以运用； （2）需土方配合，分层开挖，工期紧，工地需投入较多设备； （3）不适用于没有临时自稳能力的淤泥土层	工期适中，成本较低	南宁国际会展中心、石家庄国际会展中心
5	放坡	（1）施工场地满足放坡条件； （2）放坡与上述支护结构形式结合； （3）使用基坑等级为三级	自然放坡	（1）造价低廉，不需要额外支护成本； （2）工艺简单，技术含量较低，工期短，方便土方开挖	（1）需要场地宽广，周边无建筑物和地下管线，具备放坡坡度要求条件； （2）土方回填量大，坡顶变形较大，不能施加较大荷载	工期适中，成本较低	南宁国际会展中心、石家庄国际会展中心

地基与基础工程施工技术选型

表 3.2.2-1

序号		名称	适用条件	高效建造优缺点	工期/成本	案例
1	地基	素土（天然地基）	岩土层为风化残积砂土层、全风化岩层、强风化岩层或中风化软岩层时，可以采用天然地基	不需要对地基进行处理就可以直接放置基础的天然土层。当土层的地质状况较好，承载力较强时，可以采用天然地基	地质允许条件下优先选用	石家庄国际会展中心地下室
2		其他地基	（1）砂石桩复合地基。适用于挤密松散砂土、素填土和杂填土等地基，以及饱和黏性土地基，且主要不以变形控制的工程，也可以采用砂石桩做置换处理。 （2）高压旋喷注浆地基。适用于处理淤泥、淤泥质土、黏性土、砂土、人工填土、粉土、当地基中含有较多的大粒径块石、大量植物根茎或有机质时，应根据现场试验结果确定其适用性。喷射浆液无法注浆套管周围流速过大、喷射浆液无法注浆凝固等情况下不宜采用。 （3）水泥土搅拌桩地基。水泥土搅拌法适用于处理正常固结的淤泥与淤泥质土、素填土、饱和黄土、粉土、黏性土以及无流动地下水的饱和松散砂土等地基，不宜用于处理泥炭土、塑性指数大于25的黏土、地下水具有腐蚀性以及有机质含量较高的地基，若需采用时必须通过试验确定其适用性。 （4）其他复合地基。在确定地基处理方案时，宜选取不同的方法进行比选，对复合地基而言，方案选择是指针对不同土性、设计要求的承载力提高幅度和变形控制要求，选取适宜的成桩工艺和增强体材料	（1）对饱和黏土地基上变形控制不严的工程也可采用砂石桩置换处理，使砂石桩与软黏土构成复合地基，加速软土的排水固结，提高地基承载力。 （2）高压旋喷复合地基处理技术，解决了在岩溶地区挖孔桩、灌注桩，钻、冲孔桩难于成桩且工期无法保证的技术难题，提高了基础施工的安全性，高压旋喷桩的处理深度较大，除用于基础加固外，也可用作为深基坑治理的止水帷幕，目前最大处理深度已超过30m。 （3）当地基的天然含水量小于30%（黄土含水量小于25%）、大于70%或地下水的pH值小于4时不宜采用此法，连续搭接的水泥搅拌桩可用作为地基坑内的止水帷幕，受搅拌能力的限制，该法在地基承载力大于140kPa的黏性土和粉土地基中应用有一定难度。 （4）1）淤泥和淤泥质土，宜利用其上覆较好土层作为持力层，当上覆土层较薄时，应采取避免施工对淤泥和淤泥质土扰动的措施； 2）冲填土、建筑垃圾和性能稳定的工业废料，当其均匀性和密实度较好时，均可利用作为持力层； 3）有机质含量较高的生活垃圾和未经处理有危害性的工业废料等填土，未经处理不宜用作持力层，局部软弱土层以及暗沟、暗塘、掘土、桩基或基或其他地基处理方法时，应综合考虑场地地质和水文地质条件、建筑物对地基的要求、建筑结构类型和基础形式、周围环境条件、施工条件以及材料供应情况，经过技术经济指标比较分析后择优采用	地基处理设计时，应考虑上部结构，基础和地基的共同作用，必要时应采取有效措施，加强上部结构的刚度和强度，以增加建筑物对地基不均匀变形的适应能力。对已选定的地基处理方法，宜按地基基础设计等级，选择代表性场地进行相应的现场试验，并进行必要的测试，以检验设计参数和处理效果，同时为施工质量检验提供相关依据	

续表

序号	名称		适用条件	高效建造优缺点	工期/成本	案例
3	地基	灰土回填	基坑四周回填	优点： (1) 强度增长后水稳性好，强度较高； (2) 阻水性能好。 缺点： (1) 石灰材料采购难度大； (2) 产生扬尘污染，环保压力大，污染天气无法施工； (3) 受雨季天气影响较大，施工期间遇水质量受到影响； (4) 狭小工作面不宜压实	成本稍高	
4	地基	再生骨料回填	基坑四周回填	优点： (1) 分层回填，密实度较好； (2) 对含水率要求较低，受天气影响小，雨季可以施工； (3) 水稳性好，后期浸泡在水中也不会软化、失陷。 (4) 实现建筑垃圾再生利用，节能环保 缺点： (1) 阻水性能相对差； (2) 狭小工作面不宜压实	成本比回填灰土低，但需提前联系材料源头	济南西部会展中心
5	地基	素混凝土回填	基坑四周回填	优点： (1) 分层浇筑，密实度好； (2) 水稳性好，后期浸泡在水中也不会软化、失陷； (3) 基本不受天气影响，施工进度快，可实现快速施工。 缺点： 费用较高	工期短，但成本高	
6	基础	钢筋混凝土预制桩	(1) 一般黏性土、中密以下的砂类土、粉土，持力层为密实的砂土、硬黏土； (2) 含水量较少的粉质黏土和砂土层； (3) 持力层上覆盖松软土层，没有坚硬的夹层；	优点： (1) 桩身质量易于保证和检查； (2) 强度高、单方混凝土承载力高，桩的单位面积承载力较高； (3) 桩身混凝土的密度大，抗腐蚀能力强； (4) 施工工效高，大面积作业下成桩速度极快； (5) 因属挤密桩，打入后其周围的土层被挤密，从而提高地基承载力；	施工速度快，成本较高	

续表

序号		名称	适用条件	高效建造优缺点	工期/成本	案例
6	基础	钢筋混凝土预制桩	（4）持力层层面的土质变化不大、桩长易于控制、减少截桩或多次接桩； （5）水下桩基工程； （6）适用于大面积打桩工程，由于此桩工序简单、工效高，在桩数较多的前提下，可抵消预制价格较高的缺点，节省基建投资； （7）适用于工期紧的工程，工厂化预制，现场安装，缩短工期； （8）对地质条件有一定要求，难以穿越稍密、密实的中间夹层或硬层或穿越冻胀性质明显的土层	（6）适用于水下施工。 缺点： （1）要顾及挤土效应对周围环境的影响，施工时易引起周围地面隆起，有时还会引起已就位邻桩上浮； （2）有可能因为地质条件、截桩、打入方式、桩距等原因产生断桩、斜桩或上浮桩，影响承载力； （3）受运输及起重设备限制，单节桩的长度不能过长，一般为10余米，长距离接桩时，接头处形成薄弱环节，甚至还会在打桩时出现断桩，其至还会在打桩时出现断桩，如不能确保全桩的垂直度，将降低桩的承载能力； （4）与灌注桩相比造价更高，因为预制桩用钢筋是根据搬运、吊装及压入桩时的应力设计的，远超正常工作荷载的要求，接桩时需增加相关费用； （5）不能用于抗水平荷载，在预应力钢绞线或实心强度足够的情况下可用做拔桩； （6）不易穿透较厚的坚硬地层，当坚硬地层下仍存在需穿越的软弱层时，则需辅以其他施工措施，如采用预制桩（常用的引孔方法）等； （7）锤击和振动法下沉的预制桩施工时，振动噪声大，影响周围环境，不宜在城市建筑物密集的地区使用，一般需改为静压桩	施工速度快，成本较高	
7	基础	泥浆护壁成孔灌注桩	（1）在地质条件复杂、持力层埋藏深、地下水位高等情况下不利于采用人工挖孔及其他成孔工艺时，优先选用此工艺；	优点： （1）适用不同土层； （2）桩长可因地改变、无接头、直径可达2.0m，桩长可达88m； （3）仅承受轴向压力时，只需配置少量构造钢筋，可按受力情况配置钢筋，节约钢材（相对于预制桩）； （4）正常情况下，比预制桩经济； （5）单桩承载力大；	施工速度慢，每天能完成4~5根20~30m的桩基。与预制桩相比成本较低。直径1m的钻孔灌注桩劳务费为300元/m³，钢筋笼制作安装费为550元/t，单根桩钢筋笼超过9t时为730元/t	南宁国际会展中心、石家庄国际会展中心展厅

续表

序号	名称	适用条件	高效建造优缺点	工期/成本	案例
7	基础　泥浆护壁成孔灌注桩	（2）桩端、桩周持力条件比较好的各种大型、特大型工程和对单桩承载力要求特别高的特殊工程（如桥梁、超高层建筑、高炉、转炉、高塔、特大吊装设备等）	（6）振动小，噪声小； （7）钻孔灌注桩具有入土深、能进入岩层、刚度大、承载力高、桩身变形小等优点，适应性强。 缺点： （1）桩身质量不易控制，易出现断桩、缩颈、露筋和夹泥； （2）桩身直径较大，孔底沉积物不易清除干净，因而单桩承载力变化较大； （3）一般不宜用于水下桩基，设钢筋围堰除外	施工速度慢，每天能完成4～5根20～30m的桩基。直径1m的钻孔灌注桩劳务费为300元/m³，钢筋笼制作安装费为550元/t，单根桩钢筋笼超过9t时为730元/t	南宁国际会展中心、石家庄国际会展中心展厅
8	基础　干作业成孔灌注桩基础（人工挖孔桩）	（1）适用于持力层在地下水位以上的各种地层，或地下水较少地区； （2）适用于承受较大荷载的一些大型工业建筑和城市高层建（构）筑物； （3）适用于无水或渗水量较小的填土、黏性土、粉土、砂土、风化岩地层	优点： （1）单桩承载力高，充分发挥桩土的端承力，单桩可以承受几万千牛荷载，抗震性能好； （2）施工时下放钢筋笼方便，易清底； （3）人工开挖，适用小空间； （4）当土质复杂时，可以边挖掘边肉眼排出土质情况； （5）无噪声，无振动，无废泥浆排出等公害； （6）可利用多人同时进行若干根桩施工，桩底部易于扩大。 缺点： （1）持力层地下水位下难以成孔； （2）人工开挖效率低，需要大量劳动力； （3）挖孔过程中有一定的危险，一旦塌孔往往造成严重后果； （4）桩井底时往往因支护不当，易造成扩底部位坍方； （5）对安全要求高，如存在有害燃气体、空气稀薄、漏电等	与机械成孔相比，成本更低	南宁国际会展中心

续表

序号	名称	适用条件	高效建造优缺点	工期/成本	案例
9	长螺旋钻孔压灌桩	(1) 长螺旋压灌桩用于干作业法施工; (2) 长螺旋钻孔压灌桩适合地下水丰富地层; (3) 长螺旋钻孔桩适用于一般黏性土及其填土、粉土、季节性冻土和膨胀土、非自重湿陷性黄土等土层,如淤泥和淤泥质土、碎石土、中间有砂砾石夹层的土层,可采用钻孔压灌桩	(1) 施工过程中无需水泥浆或泥浆护壁,效率高,质量稳定,使用成本低; (2) 工艺先进,施工设备简便,技术成熟,成桩速度快,无噪声,无污染	地质条件适合时,效率高,成本低,但有很明确的适用条件	—
10	沉管灌注桩	适于在黏性土、淤泥、淤泥质土、砂石及杂填土层中使用,但不能在密实的中粗砂、砂砾石、漂石层中使用	锤击沉管灌注桩劳动强度大,要特别注意安全。 优点: (1) 可避免一般钻孔灌注桩注桩尖浮土造成的桩身沉、持力不足的问题,有效改善桩身表面浮浆现象,该工艺更节省材料; (2) 施工质量不易控制,投掷过快容易造成桩身缩颈,先期浇筑的桩易因挤土效应而发生倾斜断裂甚至错位。 缺点: 施工过程中,锤击会产生较大噪声,振动会影响周围建筑物,使用范围有限,部分城市禁止在市区使用,适合土质疏松、地质状况复杂的地区,但遇土层有较大孤石时,无法采用该工艺,应改用其他工艺穿过孤石	有明确的适用条件	—

混凝土工程施工技术选型　　　　　　　　表3.2.3-1

序号	方案名称	适用条件	技术特点	高效建造优缺点	工期/成本	工程案例
1	跳仓法施工技术	地下室、主体结构	通过落实"减、放、抗"的综合施工措施,取消施工后浇带,实现便捷施工,降低成本,保证质量	(1) 可取消温缩后浇带,遮免留设后浇带对预应力张拉、支设、交通组织等产生不利影响,大幅节约工期,提高施工质量; (2) 各道施工工序流水进行,相邻结构混凝土逐推进浇筑,依次连成整体,无缝施工,利于施工组织,减少资源投入,节约成本	与后浇带施工相比施工周期更短,成本投入更低	南宁国际会展中心

续表

序号	方案名称	适用条件	技术特点	高效建造优缺点	工期/成本	工程案例
2	钢筋桁架楼承板施工技术	屋面混凝土结构	预制装配式钢筋桁架楼承板+现浇混凝土	优点： (1) 可有效提高会展建筑装配率，符合国家政策导向； (2) 预制装配式技术可以提前介入，构配件生产工厂化、施工装配化、管理信息化，效果美观； (3) 不需要搭设模板脚手架。 缺点： 深化设计及管理难度大	可缩短施工周期	南宁国际会展中心、国家会展中心（天津）（上部钢框架）
3	圆柱定型模板施工	混凝土现浇圆柱、混凝土环梁	定型加工大圆柱模板代替弧形木模板支模	优点： 大大减少木模板投入，定型加工提高施工质量，减少模板拼缝，减少施工成本，周转率高。 缺点： 定型模板一次性投入大，泛用性不高	减少10%以上的支模时间	南宁国际会展中心
4	盘扣式脚手架施工技术	大空间混凝土结构	采用模数化杆件、配件，实现快速安拆	优点： (1) 安装和拆卸过程简单，结构稳固； (2) 部件可高低纵横任意调节； (3) 不需要任何辅助连接材料； (4) 重复使用率高，降低成本； (5) 省时省工省料，有安全保障	可缩短施工周期，成本与传统脚手架相比稍高。租赁费为10~11元/d/t，普通钢管为3~4元/d/t，搭设费与普通钢管持平，周转率比普通钢管高	南宁国际会展中心
5	普通钢管扣件式脚手架体系	所有满堂架体系	扣件式钢管脚手架是通过直角扣件、旋转扣件等将立杆、水平杆等进行连接，直角扣件和旋转扣件上有2套紧固螺栓，每个扣件连接2根钢管	优点： (1) 货源充足； (2) 操作简单，熟练工人多； (3) 不存在数数限制，间距、高度等可以随意组合。 缺点： (1) 材料质量差，壁厚不达标现象； (2) 工人操作复杂，施工过程中易发生缺少杆件现象	工期稍长，造价相对低	石家庄国际会展中心
6	定型钢模板	展馆主次电缆沟	根据电缆沟尺寸，制作定型化钢模板	优点： (1) 减少木模板投入，混凝土观感质量得到提升； (2) 周转率高。 缺点： 一次性投入大，冬期不宜采用	工期、成本与传统工艺持平	石家庄国际会展中心

3.2.4　钢结构工程

钢结构工程施工技术选型见表 3.2.4-1。

钢结构工程施工技术选型

表 3.2.4-1

序号	方案名称	适用条件	技术特点	高效建造优缺点	工期/成本	工程案例
1	整体提升施工技术	桁架结构、网架结构、连廊	对整体结构进行地面拼装，采用液压同步提升系统对结构进行整体同步提升，提升就位后安装后次杆件	（1）自动化程度高，通过设备的扩展组合，使重量、跨度、面积不受限制，即能够有效保证高空安装精度，减少高空作业量，且吊装过程动荷载极小、安全性好，能够有效缩短工期，整体提升可与其余部分平行作业，充分利用现场地面施工面，有利于进行总体工程施工组织； （2）液压提升设备设施高，重量较小，机动能力强，倒运和安装、拆除方便	减少拼装及支撑所需高临时材料设备的用量；减少吊装专业机械用量以及对其他专业作业和焊接的干扰，保证拼装精度和施工作业安全，缩短整体施工工期	上海国家会展中心（上海）、南京青奥会议中心、杭州国际博览中心
2	累积滑移施工技术	桁架结构	根据混凝土和桁架特点，设置埋件，设置滑移轨道；以滑靴为基准点设置发射状滑移撑杆，与混凝土结构形成超静定结构受力体系；根据土建结构特点，在一侧搭设可调节的装配式钢结操作平台，从而合理划分滑移拼装单元	（1）采用累积滑移施工技术，将高空滑移拼接作业调整为低空组装高空滑移作业，安全性高，大大提高施工效率和质量，节约工期，降低成本，同时对其条条作业面影响小，利于总体工程施工组织； （2）不受场地限制，吊装机械选型布置更加灵活，另外可设置滑移胎架，以应对桁架下部结构存在高低差等不利于设置滑移轨道的情况	累积滑移法减少了大型吊装设备的使用及对其他专业施工的影响，避免了大部分高空吊装和焊接，保证拼装精度和施工作业安全，可大幅缩短工期	南宁国际会展中心
3	既有结构上塔式起重机应用技术	场地狭小、既有结构承载力大的钢结构工程	塔式起重机选型时，对既有结构进行承载力验算（包括结构的抗弯、抗剪、抗切和局部承压验算），设置埋件固定在结构上，当验算不通过时，对结构进行加固处理，经验算加固合格后安装塔式起重机	（1）采用既有结构上塔式起重机，将塔式起重机设置在结构上，可以大大提高施工效率，节约工期； （2）配合设置行走式塔式起重机，可增加塔式起重机吊装范围及灵活性	充分利用既有结构，避免或尽量减少加固，节省技术材料，节约成本，塔式起重机吊装范围广，布置灵活，施工效率高，可大幅节约工期	杭州国际博览中心

续表

序号	方案名称	适用条件	技术特点	高效建造优缺点	工期/成本	工程案例
4	格构柱支撑体系应用技术	各类安装高度的钢桁架、钢网架结构	格构柱支撑体系,由上下底座、桁架单元、活动斜杆和销轴组成,其中上下底座和桁架片状单元通过销轴进行连接,桁架单元中的肢杆利缀条之间可为焊接。格构柱支撑之间可为焊接。格构柱支撑标准长度为4m和6m,标准宽度为1.5m×1.5m	(1)格构柱支撑体系安拆方便、便于运输,可在后续项目中循环使用,能极大程度提高工作效率,降低施工成本,节约用材;(2)格构柱支撑可根据需要调节长度、适用范围广	与传统支撑技术相比,安拆更加方便、更便于运输,绿色可循环,可降低施工成本,作为提升、滑移等施工技术的配套技术使用,可大大缩短工期	杭州国际博览中心、国家会展中心(上海)、南宁国际会展中心、济南西部会展中心
5	无支撑大悬挑施工技术	雨棚结构、悬挑结构	通过受力分析软件及BIM软件进行施工模拟,计算手设置悬挑起拱值,合理设置分段安装与焊接顺序,安装过程中将测量数据与模型数据进行实时对比反馈,并进行误差调整	(1)无支撑大悬挑施工技术,可在狭小场地下进行,并且不影响下部结构其他专业施工,有利于总体工程施工组织;(2)对测量精度要求高,安装精度与焊接质量较难控制	无支撑大悬挑施工技术使用过程中,取消临时支撑,可节省措施、吊装机械、人工成本,经济效益好,不影响其余结构施工,可缩短项目整体工期	青岛国际会议中心
6	树状柱自平衡施工技术	树状柱结构	树权构件安装的过程中,在对称安装构件间设置型钢,捆链等进行有效的连接,采用稳定三角形方法。如对于一级分权对称构件设置H型钢形成稳定三角形,对于二级分权利用内部分权设置捆链稳定体系	(1)在树形结构安装的过程中,无需设置地面支撑;(2)利用树形结构的对称性,少量使用辅助措施可实现结构的自平衡安装;(3)对不同级分权构件进行安装时采用不同平衡方式,充分利用自身结构特性	安装过程中无支撑,有效节约措施成本,灵活使用吊装机械,根据现场情况随进随退,节约机械费,施工效率高,且对其他专业施工影响小,可缩短工期	国家会展中心(天津)
7	超高箱形钢管混凝土柱施工技术	箱形钢管混凝土柱	采用高抛法浇筑自密实混凝土	设置多种长度导管,以满足不同标高钢管混凝土浇筑	满足工程正常施工	石家庄国际会展中心展厅
8	液压滑移施工技术	桁架结构	根据混凝土结构特点,设置滑移机道,借助混凝土结构搭设临时拼装台,以若干榀桁架为拼装单元,形成超静定结构受力体系;利用液压同步控制系统由一端向另一端滑移就位	采用液压顶推滑移技术,将高空作业调整为低空组装,安全性高,大大提高施工效率和质量,节约工期,降低成本	滑移施工法可以减少大型吊机对混凝土楼面结构的影响,避免了90%的高空吊装和施工焊接,保证拼装精度和施工作业安全,可大幅缩短工期	南宁国际会展中心

续表

序号	方案名称	适用条件	技术特点	高效建造优缺点	工期/成本	工程案例
9	桁架分段拼装整体吊装施工技术	大跨度结构	钢结构桁架底部为混凝土结构柱，柱距为24~48m，整榀桁架大于100m，采用工厂化分段制作及预拼装，现场拼装焊接后整体吊装	分段拼装整体吊装解决了现场场地狭小的施工难题，缩短了施工总工期	可提前加工制作，保证能满足工期要求，施工成本低	南宁国际会展中心
10	分层立体吊装施工技术	多层大跨度钢结构	通过BIM模拟吊装顺序及机械组织情况，确保现场顺利实施吊装	根据吊装顺序组织机械、材料进场，过程分层、分箱吊装，保证工程顺利实施	可提前加工制作，保证能满足工期要求，施工成本低	石家庄国际会展中心展厅

3.2.5　屋面工程

屋面工程施工技术选型见表3.2.5-1。

屋面工程施工技术选型

表3.2.5-1

序号	方案名称	适用条件	技术特点	高效建造优缺点	工期/成本	工程案例
1	装配式施工技术	跨度小于36m的钢结构金属屋面工程	自身重量轻，安装方便，所用材料规格统一，通用性较强	优点：提高装配率，原材料、构件等可以实现工厂化加工制作，现场占用场地少。缺点：运费有一定程度的增加，运输过程中会产生一定的损耗	有利于缩短工期，成本相对偏高	南宁国际会展中心
2	部分装配式施工技术	跨度大于36m的钢结构金属屋面工程	自身重量轻，安装方便，部分材料无须运输，现场加工的方式	优点：提高装配率，金属屋面可现场加工，损耗较小。缺点：现场加工的设备、原材料等占用场地较大	有利于缩短工期，成本相对偏高	南宁国际会展中心
3	全部采用现场施工技术	混凝土屋面工程	自身重量大，属于传统施工工艺	优点：造价低。缺点：施工周期长	工期较长，成本相对偏低	南宁国际会展中心

3.2.6 幕墙工程

幕墙工程施工技术选型见表 3.2.6-1。

幕墙工程施工技术选型 表 3.2.6-1

序号	名称	适用条件	技术特点	高效建造优缺点	工期成本	案例
1	独立支架施工吊篮架设技术	无挑檐金属屋面	制作独立式施工吊篮支架，进行幕墙施工	优点： （1）通过在主体钢结构上制作独立式施工吊篮支架架设施工吊篮，避免搭设满堂脚手架，减少施工成本； （2）与采用登高车施工相比，减少措施占地面积，有利于与园林景观的交叉施工作业。 缺点： （1）独立式施工吊篮支架加工时受焊接质量影响，存在一定危险性； （2）大空间挑空区域幕墙、玻璃板块及龙骨吊运时需借助卷扬机、汽车起重机	措施成本低，工期短	济南西部会展中心
2	龙骨装配式施工技术	铝板幕墙、石材幕墙	幕墙龙骨在加工区完成分段拼装，现场整体吊装	优点： 主体结构施工期间可完成幕墙龙骨分片加工组装，具备工作面后，通过分片整体吊装完成龙骨施工，能有效压缩现场幕墙施工工期。 缺点： 需较大面积场地存放龙骨构件单元；对于复杂异形幕墙，不适用	节省措施费用，措施成本相对较低	济南西部会展中心
3	先进技术三维扫描机器人＋BIM异形测量及精准下单	超高大外挑檐、曲面造型	三维扫描＋BIM	优点： 采用无棱镜全站仪测量结构表面点数据，再通过一系列程序由点数据构成曲面模型，得到数字化 CAD 模型后进行后续的材料下单及施工安装指导。取代了传统的手工测量实物尺寸，改以精确的三维测量资料为模型重建确定基准，进而构建曲面模型，此技术已经大量且深入地应用在工程实例中，避免了返工，大大提高了材料下单速度及安装精度，加快了工程进度。 缺点： 曲面模型建立耗时耗精力，材料下单时应实现曲面的优化分隔，并且还要消除球结构数据偏差对尺寸的影响，并导出施工特征点三维坐标数据及装饰材料数据，整体环环相扣，材料下单过程较为复杂	可以大大缩短施工周期，提高下单精率，便于现场快速精准施工，降低整体成本	青岛国际会议中心

注：1. 深化设计必须提前，在进行幕墙深化设计之前，协助专业分包单位提供与之有关的基础条件，使其在设计时考虑周全，避免设计缺陷。深化设计完成节点不得影响预留预埋工作。

2. 深化设计工作需联合多家单位按专业进行，如钢结构、精装修、金属屋面、屋面虹吸排水等，防止不同专业存在冲突，影响工期。

3. 将审核合格的深化设计图纸交发包方/监理单位/设计单位审批，并按照反馈回来的审批意见，责成幕墙分包单位进行设计修改，直至审批合格。

4. 幕墙招标时，附带提供土建结构施工进度计划及外脚手架搭拆时间安排，作为投标单位编制幕墙施工进度计划和安排脚手架的参考依据；充分考虑机械设备搭配的脚手架、吊篮、曲臂车的使用。

5. 幕墙单位进场时，需提交幕墙深化设计详图（包括加工图），以便提前加工玻璃及金属幕墙。

6. 土建施工时，幕墙单位需根据图纸安装幕墙预埋件，确保不影响主体结构施工进度。

3.2.7　非承重墙工程

非承重墙工程施工技术选型见表3.2.7-1。

非承重墙工程施工技术选型　　　　　　　　　　　　表3.2.7-1

序号	名称	选型考虑因素	高效建造优缺点	工期/成本	案例
1	蒸压加气混凝土砌块墙	适用于各类建筑地面（±0.000）以上的内外填充墙和地面以下的内填充墙	（1）适用于湿作业施工；（2）产品规格多，可锯、刨、钻；（3）体积较大，施工速度快；（4）部分区域可用蒸压加气混凝土砌块代替部分外墙保温	泥瓦工每人平均每天施工3m³，按200mm墙厚计算，施工15m²/d/人	南宁国际会展中心
2	轻质板墙安装	具有质量轻、强度高、多重环保、保温隔热、隔声、防火、快速施工、降低墙体成本等优点。通常分为GRC轻质隔墙板（玻璃纤维增强水泥）、GM板（硅镁板）、陶粒板、石膏板	（1）适用于干作业、装配式施工；（2）运输简便，堆放卫生，无需砂浆抹灰，大大缩短工期；（3）材料损耗率低，减少建筑垃圾	一般3人一组，按常用的120mm墙厚计算，可施工30～50m²/组/人（施工速度与工作面条件有关，在大面墙体施工时优势明显）	南宁国际会展中心
3	轻钢龙骨石膏板墙安装	具有质量轻、强度较高、耐火性好、通用性强且安装简易的特性，有防震、防尘、隔声、吸声、恒温等功效，同时还具有工期短、施工简便、不易变形等优点	（1）通用性强；（2）施工简单便捷；（3）施工人员劳动强度低；（4）施工进度快，适用于工期紧张的情况	一般2人一组，每天施工量最大为30～40m²；平均施工量15～20m²/d/人	南宁国际会展中心

3.2.8　机电工程

机电工程施工技术选型见表3.2.8-1。

机电工程施工技术选型　　　　　　　　　　　　表3.2.8-1

序号	名称	适用条件	技术特点	高效建造优缺点	工期/成本	工程案例
1	BIM管线综合排布技术	管线密集区	建立模型，虚拟施工	优点：模型更直观，降低综合管线设计难度，可以进行碰撞检查，管线布置更合理、经济、美观，节约工期、成本，节省空间。缺点：对建模人员要求高，投入成本较大，设计速度慢	加快施工，增加管理成本	济南西部会展中心、石家庄国际会展中心

续表

序号	名称	适用条件	技术特点	高效建造优缺点	工期/成本	工程案例
2	机械制弧	给水、消防及喷淋、空调水系统	制弧机制作弧形管道	优点： （1）管道成型质量可控，可机械化批量生产； （2）管道整体弧度均匀，与建筑造型相匹配，成排管线观感好。 缺点： 只适用于钢管材质，并且对钢管表面油漆或镀锌层有一定程度破坏，需二次修复	施工快，成本较高	南宁国际会展中心、石家庄国际会展中心
3	焊接机器人	足够的操作空间	自动识别与传感+信息采集处理+自动控制+焊接工艺	优点： （1）节约人工，生产效率高，焊接质量好、稳定性强； （2）对作业环境要求低，施工安全； （3）可持续作业。 缺点： （1）设备投入大； （2）对操作空间有要求，机器人编程耗时，不易形成流水作业	施工快，机械成本高	济南西部会展中心（制冷机房工程）
4	装配式机房模块化安装	工期紧的情况，制冷换热机房或能源中心	BIM+工厂化预装配式安装	优点： 工厂预制模块质量高、现场组装效率高、人工消耗少、电焊使用少、不动火、材料损耗少、节约现场加工场地、缩短施工工期，符合绿色建造要求。 缺点： 模块及机械加工精度的装配图绘制耗时长，对前期现场测量精度要求高，模块单元体积大、运输困难，不可变更	施工快，成本高	济南西部会展中心（制冷机房工程）
5	预分支电缆	展厅区域	工厂预先将分支线制造在主干电缆上，分支线截面大小和分支线长度等根据设计要求决定	优点： 极大缩短了施工周期，大幅度减少材料费用和施工费用，更大程度地保证了配电的可靠性。 缺点： 生产周期长，预分支电缆施工需考虑分支点，分支点位置由生产厂家现场测量确定	施工快，成本低	石家庄国际会展中心展厅
6	高空机械化作业	高大空间	采用自行式高空作业车，施工速度快	优点： 高大空间墙体较少，地面平整，适合登高车辆行走，交叉作业转换灵活，施工效率高，施工安全系数高。 缺点： 投入费用偏高	施工快，在5.5m以上空间安全性仍较好，在层高7m以上的机电安装方面有成本优势	济南西部会展中心、石家庄国际会展中心、南宁国际会展中心
7	吊顶转换层综合利用	会议中心	将吊顶转换层制作成钢结构转换层，装饰安装共用	优点： 将高大空间吊顶转换层制作成钢结构转换层，实现机电和装饰共用，便于机电施工，节省工程成本。 缺点： 需要深化设计	工期不受影响，降低施工成本	石家庄国际会展中心

续表

序号	名称	适用条件	技术特点	高效建造优缺点	工期／成本	工程案例
8	装配式支吊架	所有区域	工厂批量生产，现场免焊接，减少现场加工量	优点： 　　机械化流水线制造与现场人工制造相比生产效率大大提高，提高机电施工观感质量，缩短管道支吊架安装工期，施工现场不会对环境造成影响，践行绿色施工的承诺。 缺点： 　　现阶段造价稍高于传统支吊架，大型联合支架连接件需要深化设计	施工快，成本稍高于传统支吊架	石家庄国际会展中心
9	风管与钢结构同步安装	高大空间钢结构	利用BIM深化在钢构件内精确设计风管，风管随钢结构组装并同步提升	优点： 　　风管随钢结构整体吊装或安装后滑移，极大提高了施工效率，降低了安全风险，加快了施工速度。 缺点： 　　需深化设计和进行施工协调	缩短施工工期，降低施工成本，减少安全隐患	济南西部会展中心

3.2.9　装饰装修工程

1. 精装修设计方案流程（图 3.2.9-1）

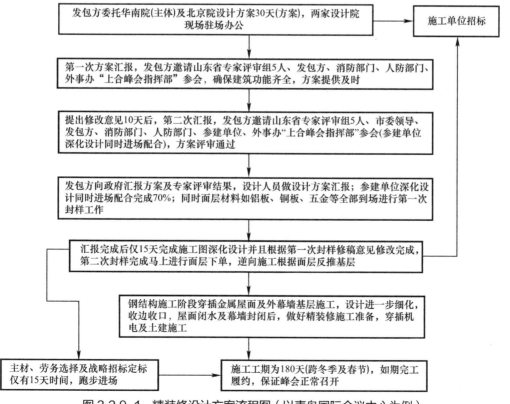

图 3.2.9-1　精装修设计方案流程图（以青岛国际会议中心为例）

2. 装饰装修工程关键技术

装饰装修工程关键技术见表 3.2.9-1。

装饰装修工程关键技术   表 3.2.9-1

序号	名称	适用条件	技术特点	高效建造特点	工期/成本	工程案例
1	铝方通吊顶整体吊装系统	高大空间吊顶	钢结构转换层吊装/铝方通吊顶	优点： （1）钢结构转换层在地面分模块焊接牢固，4m×4m 分格，采用机械化按模块进行吊装，施工速度快； （2）铝方通吊顶安装快捷，可明显提高施工速度； （3）可采用施工升降车，降低施工费用。 缺点： 铝方通定尺加工，材料加工周期较长，质量控制难度大	施工速度快，与其他类型吊顶相比施工更为方便，节省时间，措施费明显降低	南宁国际会展中心
2	先进技术三维扫描机器人+BIM 异形测量及精准下单	大空间展厅、宴会厅、登录厅区域	吸声板+铝合金龙骨/轻钢龙骨	优点： 采用无棱镜全站仪测量结构表面点数据，再通过一系列程序由点数据构建成曲面模型，得到数字化 CAD 模型后进行后续的材料下单及施工安装指导。取代了传统的手工测量实物尺寸，改以精确的三维测量为提供模型重建确定基准，进而构建曲面模型，此技术已经大量且深入地应用在工程实例中，避免了返工，大大提高了材料下单速度及安装精度，加快了工程进度。 缺点： 曲面模型建立耗时耗精力，材料下单时应实现曲面的优化分隔，并且还要消除球结构数据偏差对尺寸的影响，并导出施工特征点三维坐标数据及装饰材料数据，整体环环相扣，材料下单过程较为复杂	可以大大缩短施工周期，提高下单精准率，便于现场快速精准施工，降低整体成本	青岛国际会议中心
3	钢结构多层展厅弹性基层超长超平楼面施工技术	展厅耐磨混凝土地面	预先排版、设置拉结装置、分仓浇筑，提高地面成型质量，减少裂缝	优点： 针对钢结构桁架楼承板，综合考虑框架柱、桁架主次梁位置，以及周围墙体位置，根据不同构件位置、变形形态不一致的特点，进行分仓划分，进而分区域施工，在楼承板基上设置一定数量的拉结装置，减少面层混凝土的空鼓和开裂。 缺点： 增加了施工工序，综合成本增加，同时施工时间延长	施工质量得到明显提升，工程成本有所加大，工期有所增加	济南西部会展中心

续表

序号	名称	适用条件	技术特点	高效建造特点	工期/成本	工程案例
4	高速喷涂机应用技术	抹灰墙面、涂料墙面	通过高速喷涂机进行水泥砂浆、粉刷石膏、腻子等材料的喷涂作业	优点： （1）涂装效率高； （2）基本没有落地灰，省水、省料，操作简单，劳动强度低。 缺点： 受作业人员经验、操作技术影响较高，可能存在喷涂厚度不一致的情况	可以大幅度缩短墙面抹灰、粉刷石膏、刮腻子等的作业周期，降低工期成本	济南西部会展中心
5	基于BIM的装饰部品工业化施工技术	大空间吊顶、高大空间墙面，标准房间装饰施工	运用BIM技术进行空间建模，利用模型提取材料，组织材料集中加工，现场整体装配组装	优点： （1）装配式施工可有效避免传统施工方式加工、安装无法同时展开或二次拆装（有特殊工艺要求）耗时的问题，可以有效缩短工期； （2）装配式施工可以提高安装质量标准，做到一次成型，一次成优，提升公司在施工现场管理领域的信息化、标准化、自动化水平； （3）极大降低工程项目的管理风险。 缺点： （1）前期技术投入、BIM投入要求较高； （2）需加强对过程中半成品质量的控制	在缩短工期、减少劳动力投入的基础上，极大地节约整个工程的施工成本	济南西部会展中心、南宁国际会展中心
6	超大超重矩阵式铜雕艺术吊灯制作设计及安装	迎宾大厅	矩阵精准定位＋重型荷载结构设计	通过精密测量仪器对现场结构三维空间坐标进行精准测量，运用BIM软件平台绘制实测结构模型，与设计曲面模型进行对比分析，通过模型整合消除结构误差，进行曲面重建最终形成装饰施工模型，并建立力学模型进行所有挂点受力计算。矩阵式暖色发光灯饰是由81盏560斤、2m×2m超大超重同款同规格的灯饰组合而成，每组灯饰需要经过受力计算及整体荷载试验，每组有9个灯饰挂点，且选用减震结构的特制U形抱箍件及Φ12特制承重不锈钢吊杆	综合性价比高，既满足结构设计要求，同时可以精准定位施工，满足基层施工，面层同时加工，双同步	青岛国际会议中心
7	超大双曲面叠级白铜板装饰设计及安装	迎宾大厅	叠级白铜造型＋反向装配式施工	超大双曲面叠级白铜板的密缝拼接控制平整度及叠级各层的拼缝保证一致性面临的很大难题，多种不同弧度的双曲面板拼接，尤其是四角的每一块弧度都不一样。加工时为使双曲白铜板横向接缝美观，白铜板采用折边R角小，弧形板左右、上下折边处进行刨槽处理，上下折边为弧形边，折弯难度大，所有板块整体预拼装后进行现场装配式施工	安装方便，施工周期短，可呈现金属板的各种设计效果，提升大空间装饰档次	青岛国际会议中心

序号	名称	适用条件	技术特点	高效建造特点	工期/成本	工程案例
8	超长17.2m整体装配式手工锻造铜浮雕墙裙的设计及施工	迎宾大厅	超长整体手工锻造墙裙加工+整体装配式安装	为达到设计效果，设计团队将铜板加热后进行3D扫描并建模重新测量放线，制作17.2m通长锡模后再进行锻造，确保整体装饰纹路贯通平顺；采用2mm厚黄铜板槽折弯，折弯后阳角笔直坚韧，针对圆角、弧形板专门定制了3套折弯刀具，不同的弧度用不同的刀具折弯，这样解决了超长折弯跑位、偏位的问题，也很好地改善了折弯的刀痕问题。因为工程长度是17.2m，而普通的折弯机是6m，为了实现整体制作而重新订购一台折弯机，实现3台折弯机联动，满足17.2m的制作需求。现有的铜板蚀刻机也只能制作9m，机器无法使用。重新修建一个长20m、宽80cm的水槽人工进行蚀刻，20名工人每侧站10人，对铜板同时进行蚀刻，严格控制每个人负责区域的酸洗的药水用量及酸洗次数，保证整体的蚀刻深度和效果	整体装配式施工加快施工速度；装配式施工做到没有缎纹，达到了精美的效果	青岛国际会议中心
9	铝格栅双曲卷棚吊顶	前厅、场馆、自助餐厅、登录厅大吊顶、罩棚下高大、异形空间吊顶	双曲铝方通氟碳加工喷涂+专用万能龙骨	优点： 可满足高大空间吊顶通透率达到70%的室内设计要求，线条明快，有层次感，通过方通拉弯弧度渐变实现双曲造型，观感质量优于板块造型吊顶，施工效率高，后期维修少。 缺点： 条形格栅走向需规律排布，难以实现局部造型变化	施工效率高，与板块吊顶相比使用耗材更少，成本较低	潭洲国际会展中心二期
10	通顶铝锥心板	报告厅墙面	3D扫描下单+通顶设计+钢架基层分割使通高受力均匀	优点： 按工程现场深化设计尺寸、造型量尺下单，可将定制加工的生产任务转移至工厂，通过精密数控机床实现精准加工，可对板材进行穿孔处理，表面可通过粘贴木皮、转印木纹等工艺实现吸声、装饰的预期效果，生产精度高，质量观感效果佳。 缺点： 成品保护措施需到位，如发生磕碰损坏则难以修复，需整板更换，维护成本高	安装速度快，施工周期短，人工成本较低	杨凌国际会展中心

3. 精装修区域划分

精装修区域划分见表3.2.9-2。

精装修区域划分（单独制定图纸审核流程）　　表 3.2.9-2

区域	部位	设计方案确认
迎宾大厅	迎宾大厅正厅、迎宾大厅门厅、次入口迎宾厅、大扶梯区域	青岛国际会议中心是国家外交主场项目，省市级重点工程，项目主管部门较多，最终方案需要经过中国工程院院士何镜堂领衔的设计团队认可同时得到山东省政府、青岛市政府的最终确认，整个过程耗时较长
贵宾侧厅	贵宾休息室、贵宾茶歇室	
观海长廊	观海长廊、电梯厅、卫生间区域	
其他区域	地下室机房、停车场、汽车坡道、厨房区域等	

3.2.10　智能化工程

1. 安装规划方案选择

智能化安装规划方案见表 3.2.10-1。

智能化安装规划方案　　表 3.2.10-1

序号	名称	适用条件	技术特点	高效建造优缺点	工期/成本	工程案例
1	地下室车位引导系统桥架及管路安装规划	地下室车位引导系统桥架安装、管路敷设	结合标识图纸精细测量＋与机电专业进行综合排布	优点： （1）通过施工前期沟通标识专业并结合标识图纸明确车位桥架及管路具体位置，提升桥架管路安装精确性和减少施工周期； （2）提前会同机电专业进行综合排布降低后期返工概率，使完工后成品更整齐美观。 缺点： （1）需一直保持与各专业的沟通，管理难度大，对施工精度要求高； （2）后期标识图纸变更会造成车位桥架安装误差	施工工期短，损耗小，成本比未经规划时低	南宁国际会展中心
2	弱电线缆穿线规划	线缆敷设	通过精细算量及规划配比提高弱电线缆穿线效率	优点： （1）将综合布线、视频监控系统网线敷设各点位进行编号，根据已编号的综合布线、视频监控平面图、桥架排布图、弱电间大样图、建筑结构图等确定所需线缆的水平、竖直长度，以及相关预留长度，进行精细化算量； （2）六类非屏蔽双绞线标准规格为305m、光纤规格为1000m，通过凑整规划，将要整合的区域用不同颜色在表格中标注，穿线时严格按此规定进行施工，能够有效提高穿线效率； （3）其他弱电系统诸如门禁、楼控、入侵系统同理，按照综合计算后由远及近的顺序，依次进行线缆敷设。 缺点： 对前期计算精度要求较高	施工快，成本比未经规划时低	南宁国际会展中心

续表

序号	名称	适用条件	技术特点	高效建造优缺点	工期/成本	工程案例
3	室外管平网施工规划	管路敷设	通过弱电室外管道与电气、给水排水管道的走向路径对比进行路径优化，节约施工成本、施工时间	优点： （1）可在电气或给水排水管道开挖沟槽内保持规范距离进行相同走线的弱电管道的敷设； （2）避免了重复开挖沟槽，节省施工成本，节约施工时间； （3）弱电管道和电气或给水排水管道在同一个沟槽内，由于弱电管道管径尺寸相对小，可避免回填后上方表面压力造成管道破坏。 缺点： 沟槽内放置弱电管道一定要做好位置固定，防止回填时管道水平偏移导致弱电管道与其他管道距离不够从而产生信号干扰等问题	施工快，成本比未经规划时低	南宁国际会展中心
4	展沟内各系统线缆敷设规划	线缆敷设	通过精细算量＋规划配比提高弱电线缆穿线效率	优点： （1）将综合布线、视频监控系统网线及其他系统线缆敷设各点位进行编号，根据已编号的各系统平面图、桥架排布图、弱电间大样图、建筑结构图等确定所需线缆的水平、竖直长度，以及相关预留长度，进行精细化算量； （2）算好每个展位处线缆的根数及长度后，可进行相应线缆的截取及绑扎，然后直接一次性将线缆穿到相应位置，快捷准确高效。 缺点： 对算量精度要求较高	施工快，成本比未经规划时低	南宁国际会展中心

2. 安装技术方案选择

智能化安装技术方案见表 3.2.10-2。

智能化安装技术方案 表 3.2.10-2

序号	名称	适用条件	技术特点	高效建造优缺点	工期/成本	工程案例
1	同路径下管改桥架技术	前端管路繁多	管改桥架	优点： （1）适用所有管路繁多的区域； （2）节省材料，整齐美观； （3）大大降低人工成本。 缺点： 未严格按照图纸要求施工，需提前跟设计方沟通	施工快，成本低	南宁国际会展中心

续表

序号	名称	适用条件	技术特点	高效建造优缺点	工期/成本	工程案例
2	设备预安装技术	设备安装	DDC箱体应提前进行配盘安装	优点： 　　DDC箱体进场前进行箱体配盘，保证质量、提高效率。 缺点： 　　对前期的输入输出点数需有精准计算，若前期有疏漏则存在点位不足造成的箱体内空间不足、不能继续增配等问题	施工快，成本比未经规划时低	南宁国际会展中心
3	系统模拟调试技术	系统调试	在系统正式调试之前，先将系统软件架构搭设及点位录入工作完成，再制作成镜像文件拷入各系统工作站	优点： 　　（1）在楼层接入交换机并将其安装于弱电间之前，首先进行各交换机的系统软件配置，避免在各弱电间单独调试导致工期延长； 　　（2）在调试电脑中进行各系统的软件架构搭建以及前端点位、后端管理设备的所有信息的录入工作，待相关信息录入完成后，将其刻录成镜像光盘，等系统进入调试阶段时再将镜像光盘内的内容拷贝至各系统工作站及服务器中，减少大量后期调试时间，缩短工期。 缺点： 　　需做好前期各系统点位信息规划	施工快，成本比未经规划时低	南宁国际会展中心
4	弱电井机柜及设备预装配技术	机柜安装	在弱电间机柜现场安装前，首先对机柜内的各类配件、设备进行排布安装，进场后直接将机柜安装于相应位置即可	优点： 　　（1）前期进行安装施工，大量节省后期现场安装时间； 　　（2）机柜内设备由专业厂家进行安装，相较于现场工人操作，安装质量及美观度显著提高。 缺点： 　　前期机柜排布需精确，若计算失误可能导致需对机柜内设备位置全部进行重新排布，甚至导致机柜空间不足	施工快，成本比未经规划时低	南宁国际会展中心
5	弱电井智能集中散热	强弱电间等机房密集、设备集中、空间散热能力差的设备用房	采用独立的复合通风管道，沿电井竖向敷设，同一个轴的竖向电间内共用一台多联机，达到一机多用的制冷效果	（1）制冷设备可一机多用； （2）每个电间内出风口都装有电动风阀可以进行风量调节，可以最大化地降低能耗； （3）根据各房间温度大小调节电动风阀的开度大小，实现各房间的温度平衡； （4）对所有的房间温度及空调机、电动阀的有关运行参数均采用电脑上位机的监控，所有设定可以通过上位机软件实现	施工速度快，成本低，不影响建筑整体结构及各系统构架	南宁国际会展中心

续表

序号	名称	适用条件	技术特点	高效建造优缺点	工期/成本	工程案例
6	空调集中节能控制	高空作业强度大的制冷机房及空调机房	通过设备排布及线缆敷设路由规划以及控制柜内走线的布局，使得整个施工过程效率更高，设备功能更加完善	（1）通过智能化、互联化的管理平台及现场强弱电一体、软硬件一体的智能电控单元，进行远程控制及自动调节； （2）使用BIM软件，对机柜内各个压线段位置进行排序，规划线缆进线路由； （3）对线缆在桥架内敷设路由制作简易剖面图； （4）线缆敷设过程中实现分层理线模式	施工速度快，成本略有增加	南宁国际会展中心
7	开放式办公区集中布线	点位集中、进线量大、电信间较小且需要不时地改变电缆和导线布线系统的开放式场地	通过点位布局及线缆路由规划管理，可以有效地节约线缆的用量和提高生产效率，同时提供易于维护便于管理的舒适工作环境	优点： 减少综合布线的建筑结构的预埋管线，满足隐蔽美观利于维护的要求。 缺点： 需要配合架空地板使用	操作简单、施工速度快，不增加成本	南宁国际会展中心

3.3 资 源 配 置

3.3.1 物资资源

会议会展类建筑施工过程中进行物资采购时要结合工程位置、工程设计形式，及时快速地建立物资信息清单，通过整合公司内部资源和外部资源，获得材料的技术参数、价格信息并将其及时反馈至设计单位，设计单位根据物资采购信息进行整合选型，达到高效建造的目的。

会议会展项目使用过的专项物资信息见表3.3.1-1。

会议会展项目使用过的专项物资信息表　　　　　　表3.3.1-1

序号	材料名称	材料数量	使用场馆名称
1	信息显示及控制系统	10套	南宁国际会展中心
2	多媒体会议系统	7套	南宁国际会展中心
3	升降旗系统	22套	南宁国际会展中心
4	标准时钟系统	26台	南宁国际会展中心
5	票务系统	21套	南宁国际会展中心

序号	材料名称	材料数量	使用场馆名称
6	LED 显示屏	882 块	南京国际博览中心一期扩建
7	展位箱	394 只	南京国际博览中心三期

3.3.2　专业分包资源

选择劳务队伍时，优先考虑具有会议会展 / 大型公共建筑项目施工经验、配合好、能打硬仗的劳务队伍，同时也要考虑"就近原则"，在劳动力资源上能共享，随时能调度周边项目资源。

专业分包资源选择上，采用"先汇报后招标"的原则。邀请全国实力较强的专业分包单位，要求他们整合资源，在招标前进行施工及深化设计方案多轮次汇报。加强项目人员对专业的学习和理解，项目人员还应对各家单位的相关情况进行直观了解，为后期编制招标文件及选择优秀的专业分包单位打下基础。建立优质专业分包库，专业分包单位信息见表 3.3.2-1。

会议会展项目专业分包单位信息表　　　　　表 3.3.2-1

序号	专业工程名称		专业工程分包商名称	使用项目名称
1	桩基	桩基改造	浙江中迪建设工程有限公司	杭州国际博览中心
		桩基施工	广西建工集团基础建设有限公司	南宁国际会展中心改扩建工程
2	钢结构	主体	中国建筑第八工程局有限公司钢结构工程公司	扬子江国际会议中心
				南宁国际会展中心改扩建工程
				济南西部会展中心
			中冶（上海）钢结构科技有限公司	扬子江国际会议中心
			浙江东南网架股份有限公司	扬子江国际会议中心
				济南西部会展中心
			上海宝冶集团有限公司	南京国际博览中心一期扩建、南京国际博览中心三期
			中建科工集团有限公司	石家庄国际会展中心
3	屋面工程	金属屋面	上海宝冶集团有限公司	南京国际博览中心一期扩建、南京国际博览中心三期
			中建八局第二建设有限公司	济南西部会展中心
			浙江东南网架股份有限公司	济南西部会展中心
			上海鸿尔建筑劳务有限公司	济南西部会展中心
			中国建筑第八工程局有限公司钢结构工程公司	南宁国际会展中心改扩建工程
			中冶（上海）钢结构科技有限公司	扬子江国际会议中心
			中建科工集团有限公司	石家庄国际会展中心

续表

序号	专业工程名称		专业工程分包商名称	使用项目名称
4	泛光照明	智能建筑	江苏宏洁机电工程有限公司	南京国际博览中心三期
			南京中电熊猫照明有限公司	扬子江国际会议中心
5	机电安装	机电安装	中建八局第三建设有限公司安装分公司	南京国际博览中心一期扩建
				南京国际博览中心三期
				扬子江国际会议中心
			中建八局第二建设有限公司安装分公司	石家庄国际会展中心
		多联机安装	广西桂物金岸制冷空调技术有限责任公司	南宁国际会展中心（BC 地块）
		虹吸雨水安装	广东圣腾科技股份有限公司	南宁国际会展中心（BC 地块）
		压缩空气系统	山东益通安装有限公司	南宁国际会展中心（BC 地块）
		高低压配电	石家庄汇鑫华康电气设备有限公司	石家庄国际会展中心
6	幕墙	幕墙改造	中国建筑装饰集团有限公司	杭州国际博览中心
		幕墙施工	江苏炯源装饰幕墙工程有限公司	南京国际博览中心一期扩建
			中建八局第三建设有限公司装饰分公司	南京国际博览中心三期
			中建八局第二建设有限公司	济南西部会展中心
			中建八局装饰工程有限公司	扬子江国际会议中心
			浙江亚厦幕墙有限公司	石家庄国际会展中心
			中建东方装饰有限公司	石家庄国际会展中心
			中建深圳装饰有限公司	石家庄国际会展中心
				扬子江国际会议中心
			浙江东南网架股份有限公司	济南西部会展中心
			上海宝冶集团有限公司	济南西部会展中心
			济南悦明建筑劳务有限公司	济南西部会展中心
7	智能建筑		银江股份有限公司	南京国际博览中心一期扩建
			盛云科技有限公司	南京国际博览中心三期
			南京科安电子有限公司	南京国际博览中心三期
			浙江省邮电工程建设有限公司	石家庄国际会展中心
			北京中电兴发科技有限公司	石家庄国际会展中心
			浙江德方智能科技有限公司	扬子江国际会议中心
			江苏南工科技集团有限公司	扬子江国际会议中心
			南京臻超科技有限责任公司	扬子江国际会议中心
			中建电子信息技术有限公司	扬子江国际会议中心
			南京广播电视系统集成有限公司	扬子江国际会议中心
			南京柯莱特信息系统工程有限公司	扬子江国际会议中心

续表

序号	专业工程名称		专业工程分包商名称	使用项目名称
8	装饰	精装修	中建八局装饰工程有限公司	南京国际博览中心一期扩建
			浙江亚厦装饰股份有限公司	南京国际博览中心三期
				石家庄国际会展中心
			中建东方装饰有限公司	石家庄国际会展中心
			深圳海外装饰工程有限公司	石家庄国际会展中心
			中建八局第二建设有限公司	济南西部会展中心
			中建八局第一建设有限公司	济南西部会展中心
			山东省装饰公司	济南西部会展中心
			深圳博大装饰公司	济南西部会展中心
		彩色水泥自流平	博大环境集团有限公司	杭州国际博览中心
			上海华尔派建筑装饰工程有限公司	杭州国际博览中心
		彩色水泥地面	浙江省先达装饰工程有限公司	杭州国际博览中心
		仿清水混凝土涂料	杭州鹏盛建设有限公司	杭州国际博览中心
9	电梯	电梯	江苏天目建设集团电梯工程有限公司	南宁国际会展中心（BC地块）
			江苏景田机电有限公司	南京国际博览中心一期扩建
			上海三菱电梯有限公司	石家庄国际会展中心
		气体灭火	湖南高城消防实业有限公司	南宁国际会展中心（BC地块）
		超大防火门	北京市巨龙工程有限公司	杭州国际博览中心
			浙江诸安建设集团有限公司	杭州国际博览中心
11	室外工程	园林景观	陕西建工集团股份有限公司（室外管网）	石家庄国际会展中心
			北京星河园林景观工程有限公司（园林铺装）	石家庄国际会展中心
			山东益通安装有限公司（地源热泵）	石家庄国际会展中心

3.4　信息化技术

3.4.1　信息化技术应用策划

项目开工后，应在项目整体策划期间将信息化技术的应用策划作为一项重要内容，并根据项目进程同步实施。

策划内容主要包括组建信息化管理负责部门或团队，确定信息化应用的工作内容和目标，配置信息化应用所需软硬件设施，制定信息化应用的内容和实施计划，建立信息化应用过程的监督考核机制，统计信息化应用成果的提交和审核格式要求。

3.4.2 信息化系统

为实现会议会展类项目高效建造，应严格执行企业内部《标准化管理手册》中关于标准化的各项制度，结合信息化，推动项目"两化融合"，在项目中重点推行办公流程标准化、生产履约标准化、科技质量标准化。充分运用 ERP 系统、协同办公平台、计划管理系统、云筑网、方案管理系统等进行信息技术管理。

3.4.3 BIM 技术应用

1. 在会议会展类工程中的基础应用

BIM 技术基础应用主要指目前应用较成熟且普遍适用于工程建设项目的常规应用点，见表 3.4.3-1。

BIM 在会议会展类工程中的基础应用   表 3.4.3-1

序号	阶段	解决目标	BIM 技术名称	效益以及优缺点
1	设计阶段	加速设计方案确定	方案比选	优点：利用 BIM 进行方案比选、更加形象直接了解设计意图，加快设计阶段方案的确定。 缺点：前期需要 BIM 人员与设计院协调，加大了工作量
2		涉及专业多，碰撞及协同深化要求高	各专业碰撞检测	优点：在设计阶段就解决大部分的碰撞问题及专业协同问题，保证预制构件的顺利加工，避免了施工过程中的返工及二次深化。 缺点：前期设备人员投入量大，工作量大
3		分析建筑光照时长	光照分析	优点：利用模型直接进行光照分析，对建筑密度，采光等进行直接查看，能够直接辅助确定方案的可行性。 缺点：前期 BIM 人员投入大
4		能耗分析	分析建筑能耗	优点：利用模型直接对能耗指标、建筑绿色指标进行分析。 缺点：对 BIM 人员技术水平要求高，与设计院沟通上有较大的难度
5	施工阶段	快速直观地展示临建形象，对比不同方案意见	临建无纸化施工	优点：可以直观地展示临建形象以及 CI 形象，方便方案选择，实现施工无纸化。 缺点：出图效率低，模型数据量大，后期结算困难
6		施工场地展开面积大，施工道路随施工阶段而变，物资材料多；方案布置设计要求高	BIM 场地布置动态模拟及现场方案 CI 布置	优点：快速解决施工场地排布，可视化展现各阶段施工情况及场地布置情况，合理规划布局和道路，方案模拟较为直观，宣传力度大，形象好，社会效益好。 缺点：模型处理量大，数据量大，工作繁琐，需定期更新
7		地形地质情况复杂，填埋量大，淤泥层厚度大，工期紧张	土方填挖平衡	优点：根据地勘报告及无人机勘测建立数据模型，通过模拟快速计算土方量。 缺点：对硬件设施的精度要求高，受地形限制较为明显，算量结果不可做实际用量

续表

序号	阶段	解决目标	BIM 技术名称	效益以及优缺点
8	施工阶段	施工体量大，施工部署要求高，复杂节点多，要求提高施工效率；施工方案较多且标准高，难度大，需要足够的数据支撑方案的编制，需要全局考虑方案的合理性和可行性	施工部署及工艺模拟	优点：快速直观了解施工的部署和施工工艺，方便施工交底及理解，提高交底效率和施工合格率；可对方案做出直观精确的模拟和分析，提供精确的数据验证方案的合理性，分析最优方案，提高效率减少工期。 缺点：对专职人员的个人专业素养要求较高，对硬件设备的要求高，制作耗时较长，需预留足够的制作时间
9		工期紧张，对每日施工进展及整体施工把控的要求高，施工形象的社会关注度高	4D 施工模拟	优点：直观了解现场的施工动态和施工安排，及时发现施工问题，根据施工情况及时做出回应。 缺点：工作较为繁琐，模型处理量大
10		对工期和施工质量的要求高，成本控制标准高，施工工期紧张	二次结构砌体施工	优点：直观地表达砌体的排砖方式，方便统一砌体用量，避免砌体的浪费，方便对施工质量进行控制，以及对预留洞口、穿线套管等进行深化设计，减少现场切割机建筑垃圾。 缺点：图纸量大，工作量大且繁琐，审核过程较为复杂，对排砖的经验要求高，优化过程问题较繁琐
11		对施工质量的要求高，施工节点多，管控人员工作量大	施工质量样板	优点：避免了制作部分节点的实体样板，节省了经济成本，样板查看方便，现场施工和质量管控效率高。 缺点：对样板的模型质量要求高，过于理想化，没有实体样板的工艺指导性高
12		成本控制要求高，施工材料需求量大	工程量统计	优点：快速直接地导出工程量数据，便于后期进行工程量结算和对比。 缺点：工程量数据较为理想化，只能作为参考用量
13	运维阶段	要求高，资料多，资料管理量大，分包单位多	模型信息录入	优点：空间管理模块将建筑物的空间数据与企业的组织架构、人力资源整合并进行管理，随时掌握各个部门和人员的空间使用情况，合理规划设施空间的分配、租赁与使用，优化空间利用，降低业务成本。 缺点：人员投入巨大，工作繁琐，资料收集整理困难
14		社会关注度高，形象展示需求大	动画制作及宣传	优点：减少专业团队的拍摄量，节省经济成本，可将工程形象展示出去，社会效益好。 缺点：对软硬件的要求高，对人员素质的要求高，工作量大且繁琐

2. BIM 技术拓展应用

BIM 技术拓展应用主要指在常规基础应用外，根据工程的设计、环境等特点，可拓展的专项 BIM 技术应用，见表 3.4.3-2。

BIM 在会议会展类工程的拓展应用　　　　表 3.4.3-2

序号	阶段	解决目标	BIM 技术名称	效益以及优缺点
1	设计阶段	地形测量还原，留存原始地貌三维数据	无人机扫描	优点：尤其适用于原始地貌复杂的施工场地，可辅助土方填挖规划、土方量计算。 缺点：对 BIM 人员的技能要求较高，要求其对无人机、三维扫描软件等精通
2		通过模拟真实的疏散环境，提供全面、准确的数据和信息	基于 BIM 的大型公共场馆安全疏散	优点：通过真实的环境、人数的模拟得出数据，具有较强的现实描述能力。 缺点：对人员容量的数据把握难度大
3		内部施工及深化方案讨论，样板展示，对外形象体验展示	VR/AR 可视化技术	优点：身临其境，体验度高，虚拟环境真实性高，社会宣传力度大，展示效果突出。 缺点：软硬件投入较高，对模型的处理量大，制作方式复杂
4	施工阶段	对现场形象进度的展示程度高，工期紧张	无人机进度监测	优点：对现场施工情况的把控程度高，可及时发现现场的施工问题。 缺点：受地形限制大，硬件投入量大
5		近地铁施工图纸不全，地铁内部环境复杂，钢结构精度高，质量要求高	三维激光扫描复核	优点：通过扫描对建筑进行逆向建模，便于现场还原及方案模拟，复核精度高，提高测量数据的准确率，提升施工质量。 缺点：设备投入量大，人员工作量大
6		现场场地广，结构体量大，物资材料多，管理工作量大，资料整理量大	BIM+物料追踪	优点：提供对现场物料的查看和管理的方式，保证物料的可追查性和资料的完整性，追查物料使用情况，避免丢失及浪费。 缺点：需要全员具备 BIM 应用能力，对管理人员要求高，模型和现场材料处理量大
7		现场装配率高，构件加工量大，工厂多，对构件精度的要求高	预制构件加工	优点：通过模型可进行构件的数字化加工，提高加工精度，实时查看构件的运输情况和安装情况，保证构件的可视化和数字化。 缺点：需要全员具备 BIM 应用能力，对管理人员要求高，模型精度和信息处理量大
8		对于预制构件进行三维定位	预制构件定位	优点：快速辅助进行预制构件空间定位，提高了构件安装的准确性并加快了三维测量的速度，同时可利用 BIM 辅助机器人放线与定位。 缺点：对建模的精度要求较高，同时需掌握三维测量的基本技能
9	运维阶段	模拟工程运维阶段的空调、消防、自动停车等系统的自动化控制	基于 BIM 技术的系统运行控制模拟	优点：能够真实地模拟工程运行维护期间的设备运行、物业管理场景。 缺点：对技术人员方案模拟制作能力有较高要求

3. BIM+平台应用管理

将 BIM 技术与信息化管理平台相结合，充分利 BIM 模型的三维立体化、数据集成化的特性，实现项目技术、施工管理的高度信息化，见表 3.4.3-3。

BIM+平台应用管理内容

表 3.4.3-3

序号	解决目标	BIM 技术名称	效益以及优缺点
1	业主方、设计方、施工方、监理方以及运营方等多方全职能团队通力协作，明确职责权限	平台权限管理	优点：明确职责权限，方便工作流程操控，以及加速过程沟通流畅性，主导 BIM 工作流程。 缺点：前期需要协调各参与方进入 BIM 平台系统，协调工作量大
2	对现场安全问题进行实时管理	平台安全管理	优点：对现场安全问题进行检查、整改、复查，实现管理闭环，留存过程影像信息，自动整理检查记录。 缺点：现场管理人员需实时上传现场安全问题照片
3	对现场质量问题进行实时管控	平台质量管理	优点：对现场质量问题进行检查、整改、复查，实现管理闭环，留存过程影像信息，自动整理检查记录。 缺点：现场管理人员需实时上传现场质量问题照片
4	资料收集、整理和归档繁杂，纸质资料保存时间较短、容易丢失，查找不方便	平台资料管理	优点：统一资料基础管理，大大解决了传统方式下资料查找、复制、传递过程中的时间浪费和版本混乱等问题，实现信息互动，对文档和信息进行搜索、查阅、定位，并且在可视化模型的界面中操作，提高利用成效，方便各方沟通，使各方紧密协作，进行有效管理。 缺点：资料信息录入量大
5	对整个 BIM 的工作流程进行定义	平台流程管理	优点：多用户在同一平台协同的情况下，借助流程系统的支持，不仅可以使流程贯通项目内外，而且后续流程可以按条件被前序流程启动，帮助管理者、成员开展工作及提高生产效率。 缺点：相关人员需及时登录协同平台
6	模型数据量大，整合困难，交底困难，模型数据录入需求量大，模型协同管理难	平台模型管理	优点：使模型轻量化，方便所有人员的查看，便于开展现场工作，数据录入快捷，各专业协同度高。 缺点：模型更新维护量大，关联资料易丢失
7	现场工期紧张，对施工区域相关责任分工的管理要求高	平台工期管理	优点：施工任务责任到人，方便管理，对施工问题及进度情况反映准确。 缺点：对管理人员的要求高，模型精度要求高和信息处理量大
8	现场场地广，结构体量大，物资材料多，管理工作量大	平台物料追踪	优点：可根据二维码实时定位物料状态和使用情况，物料管理便捷，方便预制构件加工相关责任人进行资料整理。 缺点：对管理人员的要求高，模型精度要求高和信息处理量大，临时物料追踪情况混乱，使用率不高

高效建造管理

4.1　组织管理原则

（1）应建立与工程总承包项目相适应的项目管理组织，该组织行使项目管理职能，实行项目经理负责制。项目经理应根据工程总承包企业法定代表人授权的范围、时间和项目管理目标责任书中规定的内容，自项目启动至项目收尾，对该项目实行全过程管理。

（2）工程总承包企业宜采用项目管理目标责任书的形式进行管理，并明确项目目标和项目经理的职责、权限和利益。

（3）设计管理应由设计经理负责，并适时组建项目设计组。在项目实施过程中，设计经理应接受项目经理和工程总承包企业设计管理部门的管理。

（4）项目采购管理应由采购经理负责，并适时组建项目采购组。在项目实施过程中，采购经理应接受项目经理和工程总承包企业采购管理部门的管理。

（5）施工管理应由生产经理（或项目总工程师）负责，并适时组建施工组。在项目实施过程中，生产经理（或项目总工程师）应接受项目经理和工程总承包企业施工管理部门的管理。

（6）项目试运行管理由试运行经理负责，并适时组建试运行组。在试运行管理和服务过程中，试运行经理应接受项目经理和工程总承包企业试运行管理部门的管理。

（7）工程总承包企业应制定风险管理规定，明确风险管理职责与要求。项目部应编制项目风险管理程序，明确项目风险管理职责，负责项目风险管理的组织与协调。

（8）项目部应建立项目进度管理体系，按合理交叉、相互协调、资源优化的原则，对项目进度进行控制管理。

（9）项目质量管理应贯穿项目管理的全过程，按在策划、实施、检查、处置之间进行循环的工作方法进行全过程的质量控制。

（10）项目部应设置费用估算和费用控制人员，负责编制工程总承包项目费用估算，制定费用计划并实施费用控制。

（11）项目部应设置专职安全管理人员，在项目经理领导下，具体负责项目安全、职业健康与环境管理的组织与协调工作。

（12）工程总承包企业应建立并完善项目资源管理机制，使项目人力、设备、材料、机具、技术和资金等资源适应工程总承包项目管理的需要。工程总承包企业应利用现代信息及通信技术对项目全过程所产生的各种信息进行管理。

（13）工程总承包企业应建立并完善项目协调体系，并适时组建协调组，由项目经理负责统筹协调业主、监理及相关政府职能部门间的关系。

（14）工程总承包企业的商务管理部门应负责项目合同的订立，对合同的履行进行监督，并负责合同的补充、修改和（或）变更、终止或结束等有关事宜的协调与处理。项目部应根据工程总承包企业合同管理规定，负责组织履行工程总承包合同，并对分包合同的履行实施监督和控制。

（15）项目收尾工作应由项目经理负责。

4.2　组织管理要求

1. 组建项目管理团队

要求主要管理人员及早进场，开展策划、组织管理工作，项目总工、计划经理必须到位，开展各种计划、策划工作。根据场馆规模大小和重要程度，设置专职的施工方案、深化设计和计划管理人员。

2. 确定质量管理目标

根据招标要求或合同约定，确定项目工期、质量、安全、绿色施工、科技等质量管理目标，分解目标管理要求。

3. 研究策划工程整体施工部署，确定施工组织管理细节

结合会议会展工程结构形式、规模体量、专业工程、工序工艺和工期的特点，以工期为主线，以"分区作业，分段穿插"为原则进行施工部署。土建结构整体施工进度以为钢结构提供工作面为目标，钢结构以为外幕墙、屋盖提供工作面为目标，展厅、会议室装饰施工以幕墙、屋盖体系基本结束不再交叉施工为条件，根据施工段划分情况穿插施工。

4. 根据工期管理要求，分析影响工期的重难点，制定工期管控措施

重点部位如下：地基与基础、钢结构和屋盖结构、幕墙、厨房、卫生间、展厅、设备机房、消防水池等。

5. 劳动力组织要求

土建劳务分包组织。根据土建结构形式和工期要求，结合目前劳务队伍班组的组织能力，对施工区域进行合理划分。施工区域按照每个劳务队伍施工面积不大于 6 万 m^2 进行划分。

拟定分包方案（参照）：根据施工段划分和现场施工组织、主体劳务施工能力等情况，一般将工程划分为 3～4 个施工段，场馆外围待钢结构吊装完成后再行施工，可暂不选择劳务队伍。

6. 二次结构、钢结构、金属屋面、外幕墙、室内装饰装修、机电安装、电梯、厨房工艺、舞台灯光、智能化等专业分包计划制定

对工期要求和实体工程量、专业分包能力进行综合考虑，制定专业分包招采和进场计划。具体参照表 4.2-1、表 4.2-2。

专业分包工程招标计划、施工时间表（以南宁国际会展中心为例）　　表 4.2-1

序号	专业名称	招标完成时间（开工后第 n 天）	最迟施工开始时间（开工后第 n 天）	总工期（d）	备注
1	桩基工程	开工日	开工日	60	
2	钢结构工程	176	315	120	地上混凝土结构＋钢结构金属屋面工程
		50	160	90	地下室＋钢结构框架＋金属屋面工程
3	光伏发电专业分包	435	480	40	
4	室内装修	240	300	210	带粗装修
5	幕墙工程	243	375	110	以主体龙骨开始时间为准
6	市政工程	310	430	150	含道路、广场
7	景观工程	400	430	150	
8	消防工程	215	315	215	含消防水电
9	通风空调	205	265	240	
10	虹吸雨水	240	430	110	预留及安装
11	夜景照明及 LED	400	415	75	
12	智能化工程	295	330	200	

会议会展项目工艺相关专业招标、施工计划时间表（以南宁国际会展中心为例）　表 4.2-2

序号	工程名称	招标完成时间（开工后第 n 天）	最迟施工开始时间（开工后第 n 天）	备注
1	展位箱	420	450	
2	信息发布设备	390	440	

续表

序号	工程名称	招标完成时间 （开工后第 n 天）	最迟施工开始时间 （开工后第 n 天）	备注
3	艺术灯具采购	360	415	
4	会议设备	390	450	
5	公共广播系统	420	430	
6	防弹玻璃	470	510	
7	非标（超大）防火门	440	490	仅安装门框
8	LED 显示屏	390	400	

7. 地基与基础工程组织管理

地基与基础在工期管理中占有重要位置，水文地质、周边环境、环保管控等不确定因素对整体工期影响巨大，因此对其必须重点进行策划，特别是要对基础设计方案和施工方案、试桩方案、检测方案等进行严密论证，确保方案的可行性。

8. 主要物资材料等资源组织管理

主体阶段对钢材、混凝土、周转工具等的供应进行策划组织，确定材料来源，供货厂家资质、规模和垫资实力等，确定供货单位，确保及时供应，并留有一定的余量。制定主要材料设备招标、进场计划。

混凝土搅拌站选择。根据总体供应量和工程当地混凝土搅拌站分布情况，结合运距和政府管控要求，合理选择足够数量的搅拌站。对后期小方量混凝土供应必须提前进行策划说明，防止后续发生混凝土停工现象影响二次结构等施工。

9. 设计图纸及深化设计组织管理

正式图纸提供滞后，将严重影响工程施工组织，应积极与设计单位对接，并与其确定正式图纸提供计划。必要时可分批提供设计图纸，分批组织图纸审查。

会议会展建筑结构复杂，钢结构、幕墙等均需进行深化设计，必须提前选定合作单位或深化设计单位。积极与设计单位沟通，并征得其认可，有利于对深化设计及时进行确认。根据图纸要求分析，制定深化设计专业及项目清单，组织相关单位开展深化设计，以便于招标和价格确定、施工组织管理、设计方案优化和设计效益确定。

10. 正式水电、燃气、暖气、污雨水排放等施工和验收组织

项目施工后期，水电等外围管网的施工非常重要，这决定了能否按期调试竣工。总包单位要积极对接发包方和政府市政管理部门，积极协助配合建设单位、专业使用单位尽早完成施工，协助发包方办理供电、供水和燃气验收手续，并与建设单位一起将此项工作列入竣工考核计划。

会议会展项目验收

5.1 分项工程验收

按照国家、行业、地方规定及时联系相关单位组织分项验收。若涉及的会议会展工艺专业工程为不在建筑工程十大分部范围内的分项工程，验收时关于检验批及分项验收资料有地方规定的按地方规定执行，无地方规定的根据施工内容套用十大分部范围内的相同内容，无相同内容时根据验收规范自行编制资料表格并据此验收。

5.2 分部工程验收

按照国家、行业、地方规定及时联系相关单位组织分部工程验收，见表 5.2-1。

分部工程验收清单　　　　　　　　　　表 5.2-1

序号	验收内容	注意事项	验收节点	验收周期（d）	备注
1	地基与基础	桩基检测	基础完工	10	分阶段检测、验收
2	主体结构	结构实体检测	主体完工	14	分阶段检测、验收
3	建筑屋面	金属屋面抗风揭实验	屋面完工	40	有同地点同类型建筑已通过检测的可免检测
4	建筑给水排水及供暖	火灾报警及消防联动系统检测	分部完成	15	分阶段检测、验收
5	建筑电气	防雷检测	分部完成	1～2	分阶段检测、验收
6	智能建筑	智能建筑系统检测	检测完成	1～3	分阶段检测、验收
7	通风与空调	空调综合效能能效检测	分部完成	7～10	根据当时气候冷暖确定验收
8	市政管网	CCTV 检测	分部完成	15	

5.3 单位工程验收

按照国家、行业、地方规定及时联系相关单位组织单位工程竣工验收。

5.4 关键工序专项验收

施工过程及施工结束后应及时进行关键工序专项验收，确保竣工验收及时进行，见表 5.4-1。

关键工序专项验收 表 5.4-1

序号	验收内容	验收节点	验收周期（d）	备注
1	建设工程规划许可证	开工	30	包含取证时间
2	施工许可证	开工	30	
3	桩基验收	桩基处理完成	10	分阶段检测、验收
4	幕墙专项验收	幕墙完工	7	
5	钢结构子分部专项验收	钢结构完工	20	变形检测、报告
6	消防验收	消防完工	15	
7	节能专项验收	节能完工	20	
8	规划验收	装饰完成	25	包含资料、复测、报告
9	环保验收	室外工程完成	30	包含提交资料时间
10	白蚁防治	白蚁防治完成	2	
11	档案馆资料验收	竣工验收前	20	

6 案例

6.1 案例背景

国家会展中心（天津）项目是贯彻落实习近平总书记对天津工作"三个着力"重要要求和京津冀协同发展战略的标志性工程，是继广州、上海之后，商务部在全国布局的第三个国家级会展中心项目，由商务部与天津市政府合作共建，是优化国家会展业发展战略布局、承接北京非首都功能疏解、打造全球会展新高地的重要平台。项目建成后将与国家会展中心（上海）、广交会展馆三驾齐驱，从北、中、南纵向引领中国会展向前发展，必将对世界会展业格局产生深远影响。

项目由中国建筑科学研究院有限公司与德国 GMP 公司、天津市建筑设计院有限公司联合设计，以"会展结合，以会带展，以展促会；重工业题材与轻工业题材结合，轻重协调发展；货物贸易与服务贸易结合，打造高端服务业新引擎"为发展模式，立足环渤海、辐射东北亚、面向全世界，成为具有持续领先能力的国际一流会展综合体，项目致力于打造中国最好用的超大型展馆，成为承接国家级、国际化会议和展览的最佳场地。

项目分两期建造，总建筑面积 134 万 m²，一期展馆区 47.86 万 m²，占地 750 亩，由中央大厅、交通连廊及 16 个展厅组成，开工时间为 2019 年 3 月 31 日，完工时间为 2020 年 9 月 30 日，建设周期仅为 17 个月，同等规模的会展项目建设周期一般为 30～35 个月，本项目工期比同类大型会展项目建设工期短 1～1.5 年。

项目履约情况得到了政府、业主单位及相关方的高度认可，以此为基础，中建八局顺利中标二期工程。作为中建八局会展项目高效建造的典型案例，该项目为同类会展项目提供了参考和借鉴。

序号	项目	主要内容
16	钢结构工程	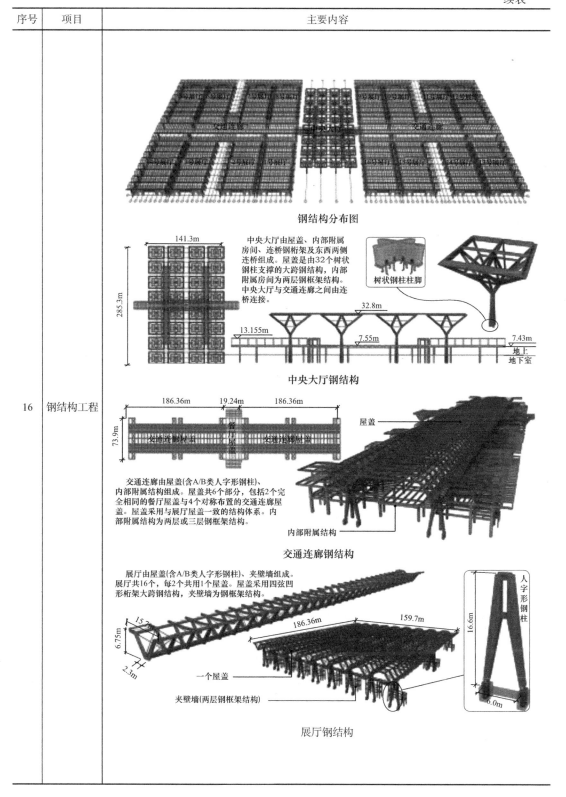

钢结构分布图

中央大厅由屋盖、内部附属房间、连桥钢桁架及东西两侧连桥组成。屋盖是由32个树状钢柱支撑的大跨钢结构，内部附属房间为两层钢框架结构。中央大厅与交通连廊之间由连桥连接。

树状钢柱柱脚

中央大厅钢结构

交通连廊由屋盖(含A/B类人字形钢柱)、内部附属结构组成。屋盖共6个部分，包括2个完全相同的餐厅屋盖与4个对称布置的交通连廊屋盖。屋盖采用与展厅屋盖一致的结构体系。内部附属结构为两层或三层钢框架结构。

内部附属结构

交通连廊钢结构

展厅由屋盖(含A/B类人字形钢柱)、夹壁墙组成。展厅共16个，每2个共用1个屋盖。屋盖采用四弦凹形桁架大跨钢结构，夹壁墙为钢框架结构。

人字形钢柱

一个屋盖

夹壁墙(两层钢框架结构)

展厅钢结构

序号	项目	主要内容
17	屋面工程	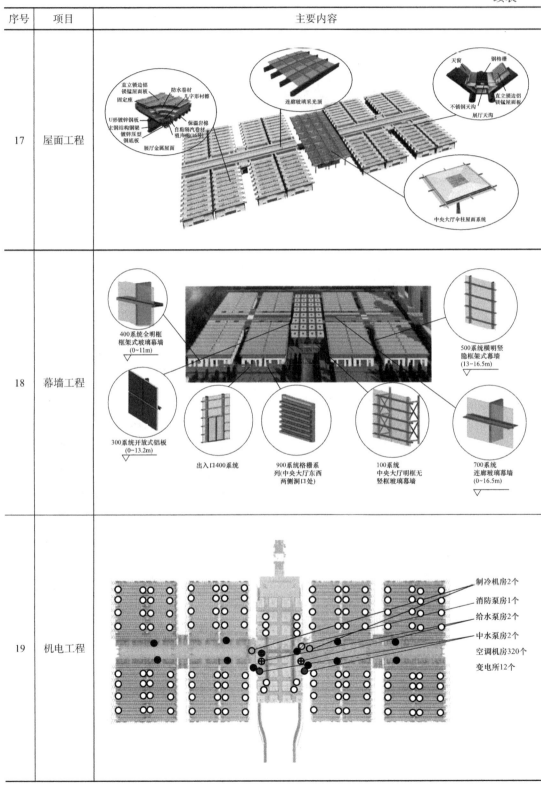
18	幕墙工程	
19	机电工程	

6.2.2 关键工期节点（表6.2.2-1）

国家会展中心（天津）工程项目一期展馆区及能源站关键工期节点　　表6.2.2-1

序号	关键节点	完成时间
1	项目中标	
2	项目团队正式进场	
3	桩基施工完成	开工后45天
4	展厅零层结构完成	开工后122天
5	中央大厅地下室结构完成	开工后153天
6	展厅钢结构完成	开工后334天
7	中央大厅钢结构完成	开工后381天
8	屋面工程	开工后411天
9	幕墙工程	开工后457天
10	粗装修完成	开工后550天
11	精装修工程	开工后731天
12	机电工程	开工后731天
13	室外工程	开工后731天
14	竣工验收	开工后731天

6.3 项目实施组织

6.3.1 组织机构

根据会议会展类项目平面占地体量大、工期紧、施工资源紧张的特点，工程总承包项目管理机构按项目指挥层、总承包管理层、专业施工管理层（西中东分区实施层）三个层级设置。项目总体组织架构如图6.3.1-1所示。

根据项目整体分工及分区设置，管理机构职责见表6.3.1-1。

项目管理机构职责　　　　　　表6.3.1-1

序号	管理机构	管理职责
1	项目指挥层	（1）与业主高层领导对接； （2）听取项目管理重大事项的汇报，并对项目实施过程中的重要问题进行决策；

序号	管理机构	管理职责
1	项目指挥层	（3）根据总体需要，参加业主组织的重要会议； （4）参与项目重大事项的处理； （5）协调公司内、外专家资源，为项目推进提供各项资源支持； （6）制定施工组织设计和重大施工方案； （7）召开项目月度管理例会
2	总承包管理层	（1）代表公司履行项目总承包合同的责任与义务，负责项目总体组织与实施，对接业主，统筹现场三个分区的工作； （2）负责项目整体施工组织部署、实施策划工作，负责整个项目的施工资源组织、供给与调配，包括劳务作业队伍组织、专业施工队伍组织、各种材料供应、施工机械设备租赁、周转料具供给、财务资金安排等； （3）负责对外关系的协调，包括与质监、安监、交通、城管、环卫等政府相关主管部门的沟通与协调，为项目顺利实施提供良好的外部环境； （4）负责施工生产与进度计划的整体管控，监督各区域的施工进度与计划实施情况，对现场工期进行跟踪与考核，并采取有效措施确保各节点工期目标的实现； （5）负责与勘察、设计单位的协调和对接，保证勘察、设计进度满足现场施工需要； （6）牵头组织设计优化工作，提出设计优化建议，协助做好商务创效工作； （7）负责组织项目创优创奖与科技管理工作； （8）负责项目统一的计量与支付工作，全面指导项目低成本运营的各项管理工作； （9）负责项目标准化与信息化管理工作，制定统一的内外文件标准，统一实施云筑智联等智慧化管理手段，检查落实公司各体系标准化管理手册； （10）负责制定现场安全文明施工标准，并对安全文明施工与环境保护情况进行监督检查； （11）负责项目综合管理与后勤保障工作，营造风清气正、拼搏向上的工作氛围
3	专业施工管理层	（1）在总承包管理项目部领导下，负责各项施工组织及全面管控工作； （2）与公司签订目标成本考核责任状，负责项目各管理目标的实现； （3）按公司各体系的管理要求，做好对接工作

6.3.2 施工部署

1. 施工总体流程

根据合同对各专业、各分部分项工程的时间节点要求，以及现场使用功能和建造类型，将项目整体分为 3 个大区进行施工，其中东区、西区各包含 8 个展厅及两段交通连廊，中区包含中央大厅及对应过街通道。按照分区对应施工内容，分解施工工序制作施工组织流程图，具体内容如图 6.3.2-1 所示。

2. 施工总体安排

根据本项目建设特点及总体工期、工序要求，按照施工准备、桩基施工、土方及支撑施工、地下结构施工、地上结构施工、屋面施工、幕墙施工及场地移交、装饰及机电施工、室外工程施工、竣工清理及验收等阶段进行组织施工，其他各专业协调配合主线施工。本工程施工分区及施工顺序详见表 6.3.2-1。

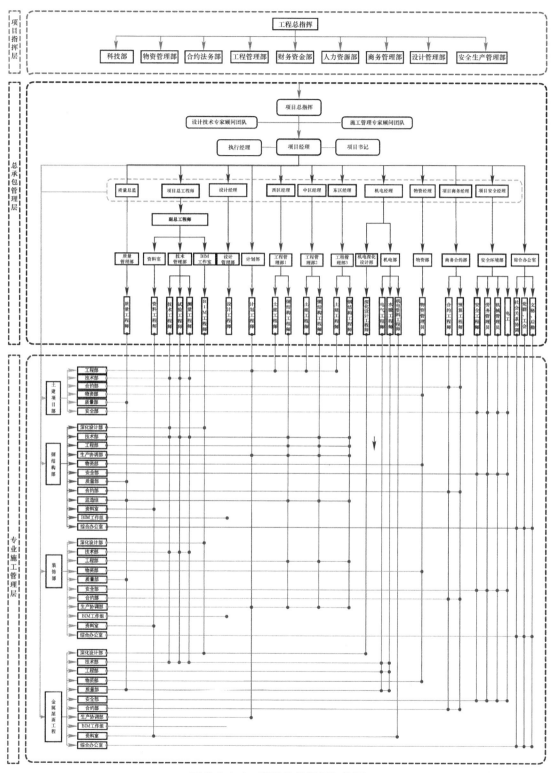

图 6.3.1-1　项目总体组织架构图

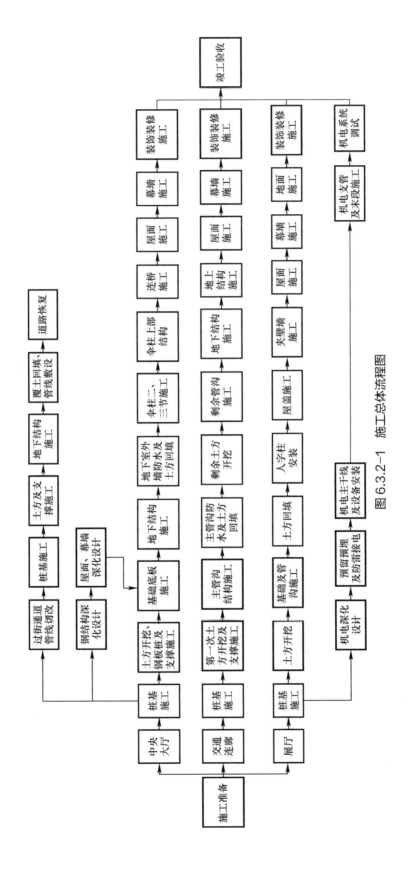

图 6.3.2-1　施工总体流程图

本工程施工分区及施工顺序 表 6.3.2-1

序号	施工阶段	主要施工内容及施工安排	形象进度
1	施工准备	临建、临路、围墙、水塘处理、场地标高不足位置回填； 现场环路全部硬化，临时便道铺垫道砖渣； 工程桩、降水井施工设备进场	
2	桩基施工	工程桩、支护桩、塔式起重机桩及降水井施工； 展厅灌注桩在相应展厅管桩完成后 7 天插入（开工后 30 天）； 降水井施工在各施工区桩基施工开始后 10 天开始（开工后 12 天）	
3	土方及支撑施工	中央大厅自中部向南北两侧对称、分层退台开挖； 交通连廊先开挖主管沟，主管沟结构施工完毕后再开挖剩余土方； 中央大厅：开工后 120 天； 交通连廊：开工后 90 天； 展厅土方：开工后 70 天	
4	地下结构施工	中央大厅：开工后 155 天； 交通连廊：开工后 125 天； 展厅：开工后 95 天	
5	地上结构施工	中央大厅南北两侧对称施工，先施工伞柱，再施工连桥及附属结构； 中央大厅：开工后 380 天； 交通连廊：开工后 335 天； 展厅：开工后 275 天	

续表

序号	施工阶段	主要施工内容及施工安排	形象进度
6	屋面施工	屋面材料采用物料提升机、塔式起重机、汽车起重机运输，人员采用施工电梯上下； 中央大厅：开工后 415 天； 交通连廊：开工后 400 天； 展厅：开工后 390 天	
7	幕墙施工及场地移交	中央大厅：开工后 450 天； 交通连廊：开工后 420 天； 展厅：开工后 400 天； 开工后 15 个月所有幕墙工程施工完毕、室外生活区拆除，将场地移交给市政园林单位	
8	装饰及机电施工	条板、装饰、机电安装在各功能房间、区域结构施工完毕后插入； 地源热泵工程随室外展场地基加固同步施工	
9	室外工程施工	室外道路、景观、铺装、管线在主体、屋面、幕墙施工后穿插施工，竣工前 6 个月完成全部绿化施工	
10	竣工清理及验收	完成工程全面清理及保洁（精装、室外视对应专业施工进展情况而定），用时 21 天左右完成工程预验收、整改、复验等工作	

6.3.3 协同组织

1. 快速决策管理流程

（1）快速决策事项识别

为了实现项目的高效建造，需要对影响项目建设的事项进行分类辨别，制定清单明确重大事项，制定快速决策流程，合理缩短内部管理流程，实现高效建造的快速决策。快速建造决策事项识别表见表6.3.3-1。

快速建造决策事项识别表　　　　　　　　　　表6.3.3-1

序号	重大决策事项	决策层级		
		公司	分公司	项目部
1	项目班子组建	√	√	
2	项目管理策划	√	√	√
3	总平面布置	√	√	√
4	重大分包商（桩基、主体结构、钢结构、幕墙、屋面、机电等）	√	√	√
5	重大方案确认	√	√	√
6	重大招采项目（管桩、条板墙、重大设备等）	√	√	√

注：相关决策事项符合"三重一大"相关规定。

（2）高效建造决策流程

根据项目的建设背景和工期管理目标，公司给予项目一定的支持和倾斜，同时安排公司及分公司各部门（主要是工程部门及技术部门）人员驻场，缩短汇报流程及多层级流程审批时间，同时借用公司及分公司资源提升项目品质。

国家会展中心（天津）项目设立公司级指挥部，由公司董事长担任总指挥，主管分公司领导担任副总指挥，指挥部成员包含公司各部门经理、分公司班子成员。针对重大事项，项目部通过班子讨论形成意见书，报送项目指挥部请示，请示通过后完善相关标准化流程。

2. 设计与施工组织协同

（1）建立设计管理例会制度

项目出图阶段，每周二在设计单位至少召开一次设计例会，发包、勘察、设计、监理、总包五方参加，主要协调前期出图问题；设计图纸完成后，每周二在工地现场召开设计例会，各方派代表参加，解决施工过程中的设计问题；参会前，提前将需要解决的问题发给设计单位，以便安排相应工程师参会。

（2）建立畅通的信息沟通机制

建立设计管理交流群，设计人员与现场工作人员互相理解、协调；设计人员应及时了解现场进度情况，为现场施工创造便利条件；现场工作人员应加强与设计人员的联系与沟通，及时反馈施工信息，相互支撑，快速推进工程建设。

（3）BIM技术联动应用制度

为最大限度地解决设计碰撞问题，总包单位安排专业BIM技术应用工作团队，与设计单位共同开展BIM模型创建；BIM团队入驻设计单位办公，统一按照设计单位的要求进行模型建造，发挥BIM技术的作用，提前发现有关设计碰撞问题，提交设计人员及时纠正。

（4）重大事项协商制度

为确保较好地控制投资造价，做好限额设计与管理各项工作，各方建立重大事项协商制度，及时对涉及重大造价增减的事项进行沟通、协商，对预算费用进行比选，确定最优方案，在保证项目节约成本的情况下，确保项目施工品质。

（5）顾问专家咨询制度

建立重大技术问题专家咨询会诊制度，对工程中的重难点进行专项研究，制定切实可行的施工方案；并对涉及结构与作业安全的重大方案实施专家论证，策划在先、论证保障，现场实施不走样，保障现场质量、安全、进度工作顺利进行。

3. 设计与采购组织协同（表6.3.3-2）

设计与采购组织协同　　　　　　　　表6.3.3-2

序号	项目	沟通内容
1	材料设备的采购控制	根据现场的施工情况，物资管理部针对工程中规格异形的材料，提前调查市场情况，若市场上的材料不能满足设计及现场施工的要求，则与生产厂家联系，提出备选方案，同时与设计方反馈实际情况，及时调整，确保设计及现场施工的顺利进行
2	材料设备的报审及会签确认	对工程材料设备执行先报审确认再进场的程序，具体为： （1）编制工程材料设备确认的报审文件。施工方按照图纸及使用要求编制工程材料设备确认的报审文件，内容包含制造厂家的名称、产品名称、型号规格、数量、主要技术数据、参照的技术说明、有关的施工详图、应用在本工程的位置和主要性能要求等。 （2）设计方在收到报审文件后，提出预审意见，报业主确认。 （3）根据预审意见组织对制造商进行考察，综合考虑生产能力、产品性能等，考察完成后形成考察报告。 （4）报审手续完成后，业主、施工、监理各执一份，作为后续材料设备质量检验的依据
3	样品的报批和确认	按照工程材料设备报审和考察确认的程序进行材料样品的报审和确认。材料样品进场前报业主、监理方、设计方确认后，实施封样制度，样品上四方会签封贴，封样留存于封样室，为日后复核材料的质量提供依据

4. 采购与施工组织协同

材料设备需用计划根据严肃性、灵活性与预见性相结合的原则进行编制，计划的审批严格把关。协同管理人员职责见表6.3.3-3。

协同管理人员职责 表 6.3.3-3

序号	协同管理部门	职责
1	商务部	重点审核供应范围，控制计划数量
2	生产部	审核材料设备的种类、规格型号、清单数量、交货日期、特殊技术要求等，确保计划的整体性和严密性，减少失误，提高效率
3	物资采购部	按照供应方式不同，对所需要的材料设备进行归类汇总平衡，结合施工使用量、库存等情况统筹编制采购计划，明确材料设备的排产周期、生产周期、运输周期等提高采购的准确性和成本的控制。采购人员向供应商订货过程中，应注明产品的品牌、名称、规格型号、单位、数量、主要技术要求（含质量）、进场日期、提交样品时间等，对材料设备的包装、运输等方面有特殊要求时，也应在材料设备订货计划中注明
4	采购部负责人	根据工程材料设备的需用计划和总进度计划编制招标计划，计划中应有采购方式的确定、采购责任人、计划编制人员、招标周期、定标时间、采购订单确认时间、拟投标候选供应商等，还应根据材料设备的技术复杂程度、市场竞争情况、采购金额以及数量大小确定招标方式——集中招标、概算控制招标、公开招标、议标等
5	供应商	通过调研资源市场，不断发现并按照规定程序引入优质的国内外供应商，逐渐培育并形成战略合作伙伴，通过对供应商资质、产品价格、产品质量、供应能力、国际认证或相关质量认证、售后服务等进行比较和综合考评筛选出满足需求的合格供应商，通过全员积极主动地推荐优质资源，拓宽优秀供应商的引入途径，打造优质且资源充足的资源库

6.3.4 资源配置

1. 分包商资源配置

本工程各阶段主要劳务分包及专业分包数量配置为：临建 3 家，桩基 14 家，土方 3 家，土建 20 家，钢结构 13 家，屋面 1 家，幕墙 2 家，条板墙 5 家，室外配套 1 家，精装修 3 家（其中 1 家甲指），机电安装 21 家等，具体见表 6.3.4-1。

分包商资源配置表 表 6.3.4-1

序号	施工阶段	合同类型	分包内容	单位数量	定标时间	招标时长
1	临建	劳务	临建劳务	3	开工后 5 天	5 天
2	桩基	专业	灌注桩	9	开工后 5 天	5 天
3		专业	管桩	2	开工后 5 天	5 天
4		专业	钢板桩	2	开工后 5 天	5 天
5		专业	桩基监测	1	开工后 5 天	5 天
6	土方	专业	土方	3	开工后 25 天	10 天
7	土建工程	劳务	一次结构	10	开工后 30 天	10 天
8		劳务	二次结构	5	开工后 145 天	10 天
9		专业	降水工程	1	开工后 10 天	10 天
10		专业	护坡	1	开工后 10 天	10 天

序号	施工阶段	合同类型	分包内容	单位数量	定标时间	招标时长
11	土建工程	专业	支撑安拆工程	1	开工后 15 天	10 天
12		专业	轻集料及发泡混凝土	1	开工后 30 天	10 天
13		专业	地铁通道保护墙拆除工程	1	开工后 165 天	10 天
14	钢结构	劳务	地下劳务	3	开工后 30 天	5 天
15		劳务	地上劳务	6	开工后 40 天	10 天
16		专业	防火涂料及面漆	4	开工后 170 天	10 天
17	机电	劳务	水电劳务	14	开工后 1 天	10 天
18		专业	通风	1	开工后 30 天	10 天
19		专业	消防	1	开工后 30 天	5 天
20		专业	虹吸雨水	2	开工后 45 天	10 天
21		专业	电梯	1	开工后 100 天	10 天
22		专业	地源热泵	2	开工后 185 天	10 天
23	保险	专业	保险	2	开工前 40 天	10 天
24	屋面	专业	屋面工程	1	开工后 115 天	10 天
25	幕墙	专业	幕墙工程	2	开工后 115 天	10 天
26	条板墙	专业	预制砂加气混凝土条板墙工程	5	开工后 115 天	10 天
27	保温	专业	保温工程	2	开工后 150 天	10 天
28	室外配套	专业	室外配套工程	1	开工后 180 天	10 天
29	膜结构	专业	膜结构工程	1	开工后 190 天	10 天
30	装饰装修	专业	精装工程	3（含甲指1家）	开工后 175 天	10 天

2. 供应商资源配置（表 6.3.4-2）

供应商资源配置表　　　　　　　　　表 6.3.4-2

序号	施工阶段	供应类型	供应内容	单位数量	定标时间	招标
1	土建工程	设备	中小型机械	6	开工后 25 天	10 天
2		设备	塔式起重机租赁	2	开工后 20 天	5 天
3		材料	管桩	3	开工后 10 天	10 天
4		材料	钢筋	6	联采	10 天
5		材料	套筒	2	开工后 25 天	10 天
6		材料	模板	2	开工后 35 天	10 天
7		材料	混凝土	1	联采	10 天

续表

序号	施工阶段	供应类型	供应内容	单位数量	定标时间	招标
8	土建工程	材料	周转料具	4	开工后 45 天	10 天
9		材料	水泥	1	联采	5 天
10		材料	砂石	3	联采	5 天
11		材料	砖、砌块	5	开工后 45 天	10 天
12		材料	条板墙	4	开工后 175 天	10 天
13	钢结构	设备	机械租赁	2	开工后 40 天	5 天
14		材料	钢材采购	7	开工后 40 天	10 天
15		材料	钢件制品加工制作	13	开工后 40 天	5 天
16	机电安装	材料	镀锌水管	1	开工后 15 天	5 天
17		材料	桥架	2	开工后 130 天	10 天
18		材料	给中水阀门	2	开工后 210 天	10 天
19		材料	电线	2	开工后 15 天	5 天
20		材料	配电箱柜	2	开工前 15 天	10 天
21		材料	灯具	3	开工后 15 天	10 天
22		材料	展位箱	2	开工后 60 天	10 天
23		材料	无缝钢管	1	开工后 120 天	10 天
24		材料	空调水阀门	1	开工后 270 天	5 天
25		材料	空调机组	1	开工后 220 天	5 天
26		材料	风机	1	开工后 245 天	5 天
27		材料	潜污泵、消防泵	1	开工后 180 天	5 天

3. 劳动力配置

根据 18 个月完工的整体工期目标，结合整体施工部署及详细施工安排，针对不同施工阶段配置各专业劳动人员，高峰期投入劳动力 5074 人，此高峰期为地下结构施工阶段；地上主体结构施工阶段（主要为钢结构）、屋面及封围、机电及装饰三个阶段劳动力要保证在 4000 人以上，才能保证工期目标得以实现。各阶段不同专业劳动力投入情况见表 6.3.4-3。

各阶段不同专业劳动力投入情况　　　　　　　　　　表 6.3.4-3

工种＼阶段	施工准备及桩基	土方及支撑	地下结构	地上主体结构	屋面及封围	机电及装饰	调试及竣工验收
临时水电工	30	50	50	50	20	20	10
打桩工	650	200	50	0	0	0	0
信号工	0	20	84	76	20	5	0
钢筋工	540	800	1350	400	50	0	0

续表

工种＼阶段	施工准备及桩基	土方及支撑	地下结构	地上主体结构	屋面及封围	机电及装饰	调试及竣工验收
木工	20	80	850	60	60	300	0
混凝土工	150	100	660	200	30	30	0
瓦工	50	350	700	180	100	50	0
电工	0	0	200	180	150	100	100
焊工	30	50	200	500	80	50	10
涂装工	0	0	0	100	10	0	0
幕墙工	0	0	0	50	1100	200	0
屋面安装工	0	0	0	200	1200	100	50
起重工	80	30	40	150	30	10	0
钢结构安装工	0	0	80	1250	200	0	0
安装工	0	0	200	530	920	1832	250
调试工	0	0	0	0	50	200	120
装修工	0	0	10	10	250	833	200
抹灰工	0	0	300	80	60	150	50
杂工	150	100	300	300	200	200	800
合计	1700	1780	5074	4316	4530	4080	1590

4. 主要施工机械配备（表 6.3.4-4）

各阶段机械设备配备情况　　　　　　　　表 6.3.4-4

序号	设备名称	型号规格	数量	施工阶段	进场时间	出场时间	持续时间
1	旋挖钻机	CK1500	64 台	桩基阶段	开工后5天	开工后45天	40 天
2	柴油锤打桩机	D60	32 台				
3	钻井机	BZ-500	10 台				
4	液压振动打桩机	SH450	8 台	支护阶段	开工后5天	开工后35天	30 天
5	三轴搅拌桩机	ZKD85A-3	1 台				
6	双轴搅拌桩机	SJB-1	1 台				
7	S-RJP 桩机	RJP-65CV	1 台				
8	旋喷钻机	XPB-20B	1 台				
9	75m 臂长塔式起重机	TCT7520	9 台	结构施工阶段	开工后40天	开工后214天	174 天
10	70m 臂长塔式起重机	TCT7015	6 台				
11	60m 臂长塔式起重机	STT200	2 台				
12	汽车起重机	QY50	4 台				
13	汽车起重机	QY25	8 台				
14	物料提升机	SS100/100	10 台				

续表

序号	设备名称	型号规格	数量	施工阶段	进场时间	出场时间	持续时间
15	履带起重机	QUY350	8 台	主体钢结构施工阶段	开工后101 天	开工后366 天	265 天
16	履带起重机	ZCC260	4 台				
17	汽车起重机	QY130	10 台				
18	汽车起重机	QY80	8 台				
19	汽车起重机	QY50	56 台				
20	汽车起重机	QY25	70 台				
21	平板车		15 辆				
22	柴油发电机	500kVA	3 台	临电备用	开工后1 天	开工后171 天	170 天

6.4 高效建造技术

6.4.1 桩基工程施工技术

1. 优化取消桩尖

本工程展厅及交通连廊区域体量巨大，共采用 19832 根预制管桩。一般在工程预制桩施工时，桩尖焊接在桩头位置，带桩身进入土层，以免造成桩头破坏及桩身倾斜（垂直度控制），并能使预制桩较好地进入持力层。根据以往的工程经验，在富水软土地区，可以取消预制桩的桩尖，并不影响施打沉桩的速度，并能有效降低成本（投标报价中含有桩尖的费用）。

桩基施工过程中，没有加设桩尖，施工速度及沉桩质量并未受到影响，赢得设计方、业主、监理方等各方认可（图 6.4.1-1）。根据以往工程经验，在富水软土地区，可以取消预制桩的桩尖，并不影响施打沉桩的速度，并能有效降低成本。在富水软土地区，可以满足沉桩速度及成桩质量的要求。

图 6.4.1-1 取消桩尖

2. 优化取消所有管桩桩端承台

本工程展厅及交通连廊区域采用大量的预制管桩（19832根），每根桩的顶部设置有承台；因本工程场地标高低于基础底标高，回填至基础底标高后需要反挖近2万个桩顶承台，以及进行土方外援、支设模板等多道工序，严重影响施工的速度，并造成一定的材料消耗。施工时对此项目进行了优化，根据承台在受力计算中起到的抗冲切、减小板计算跨度的作用，经过计算，可以取消承台，将在承台内设置钢筋改为在基础底板内设置抗冲切钢筋，施工时减少一半工序，极大地加快了桩基施工进度，节省工期近20天（图6.4.1-2～图6.4.1-4）。

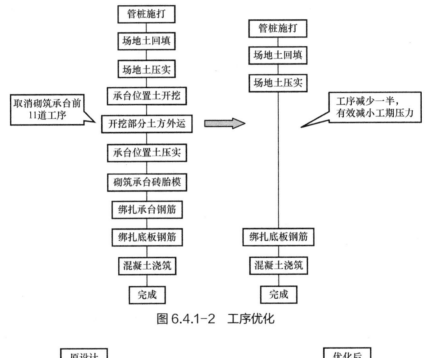

图 6.4.1-2　工序优化

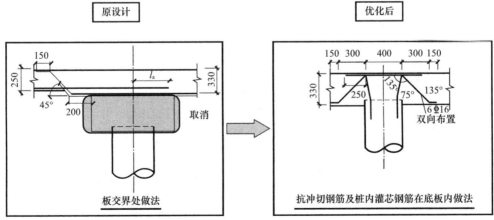

图 6.4.1-3　设计节点优化

3. 泥浆固化改良再利用施工技术

灌注桩施工阶段泥浆产出量大，泥浆外运困难，直接影响桩基施工进度；展馆区展厅区域需在桩基施工阶段进行三七灰土回填，合同要求严禁外购土方；结合工程实际需要，在拟建室外展场区域布设泥浆直接固化分离系统，将废弃泥浆转化为回填所需的三七灰土（图 6.4.1-5、图 6.4.1-6）。

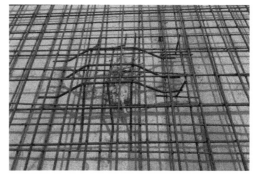

图 6.4.1-4 现场实施情况

图 6.4.1-5 废弃泥浆固化系统场地布置图

图 6.4.1-6 废弃泥浆固化再利用技术实施效果

6.4.2 土方与支护施工技术

1. 钢板桩优化

根据初版设计要求，本工程 −5.7m 交通连廊主管沟、中央大厅周边及坡道部位因为开挖深度不够而采用钢板桩支护施工，钢板桩种类有 12m、15m、18m 三种，规格型号都为 40b。通过了解天津市的市场情况发现，12m 的 40b 钢板桩为常规桩，15m、18m 的钢板桩市面上基本没有，如若采用超长钢板桩则需要增加较多费用且材料没有现货。结合现场实际情况，通过召开设计专题会协商确定调整做法，将钢板桩尺寸全部调整为 12m，减少增加长度产生的费用，加快了施工进度；在中央大厅部位通过同时卸载坑边两侧土方，将此部分的钢板桩取消，减少了钢板桩用量，该方案实施成功，工期缩短 20 天。具体如图 6.4.2-1～图 6.4.2-3 所示。

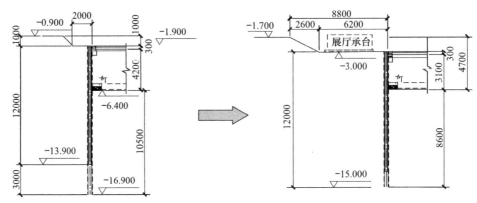

图 6.4.2-1　交通连廊优化前后对比图

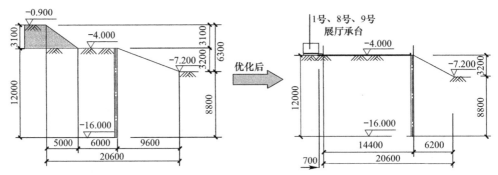

图 6.4.2-2　中央大厅优化前后对比图（15m、18m 钢板桩全部变为 12m 钢板桩）

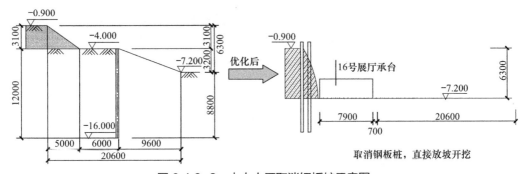

图 6.4.2-3　中央大厅取消钢板桩示意图

2. 钢支撑优化

原设计中的钢板桩支撑材料为 $\phi 400 \times 10mm$ 钢管，此材料属于非常规管材，且与钢腰梁的连接方式为焊接，较为费时，通过内部分析及对市场进行考察，发现市面上的常规材料为 $\phi 609 \times 16mm$ 钢管（常用于地铁支撑，各种长度都有，货源充足，且端头加压顶紧时常采用活络端，效果好，与腰梁的连接方式为挂接而不是焊接）。综合考虑各种因素并通过召开设计协调会进行设计调整，采用材料替换的方式进行优化，同时在保证安全的情况下调整对撑间距（间距从 5500mm 调整到 7000mm），方便后期材料吊运且节省材料，同时中央大厅区域钢板桩取消部分对撑。此部分优化减少了购入一次性材料的费用，另加快了施工进度，节约工期约 10 天。具体如图 6.4.2-4 所示。

图 6.4.2-4　现场实施照片

6.4.3　土建结构施工技术

1. 防水材料施工技术

本工程基础底标高设置在淤泥质土层，土层常年含水，淤泥质土层中的水无法短时间内直接通过降水井有效排出，且地下结构施工阶段正值雨季，这就对地下结构防水卷材施工造成了很大影响。原设计中的地下室底板及侧墙为自粘型材料防水卷材，自粘型材料对基层要求高，不能在潮湿环境进行施工，根据工程实际情况，将原自粘型防水卷材变更为强力交叉膜防水卷材，可在基层潮湿情况下施工，有效降低了淤泥质土层及雨季对施工工期的影响。通过对两种材料进行样板制作并对比，最终确认使用强力交叉膜防水卷材，在清除表面明水之后可在潮湿基层面立即施工，工期缩短 15 余天。具体如图 6.4.3-1 所示。

图 6.4.3-1　自粘型防水卷材（左）与强力交叉膜防水卷材（右）

2. 底板小跳仓施工技术

本工程中央大厅地下结构部位面积较大，属于超长混凝土结构，有足够的流水段。若按设计图纸中留设后浇带的方式进行施工，对后期进度及质量影响较大。经过对多种施工方案进行比选，以及反复研究论证，采用跳仓法施工技术可以避免一部分施工初期的激烈温差及干缩作用，大量消减施工期间的温度伸缩应力，有效控制裂缝，保证施工质量，加

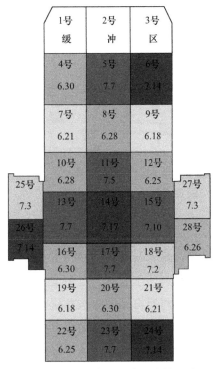

1号缓	2号冲	3号区
4号 6.30	5号 7.7	6号 7.14
7号 6.21	8号 6.28	9号 6.18
10号 6.28	11号 7.5	12号 6.25
13号 7.7	14号 7.17	15号 7.10
16号 6.30	17号 7.7	18号 7.2
19号 6.18	20号 6.30	21号 6.21
22号 6.25	23号 7.7	24号 7.14

25号 7.3 27号 7.3 26号 7.14 28号 6.26

图 6.4.3-2　底板分仓及浇筑顺序

快施工进度。

将中央大厅部位整个底板细分为较小的跳仓法"小块"，而"小块""停滞"一定时间可释放本身的大部分早期温升引起的收缩变形，减少约束，即先"放"；经过一定时间后，再合拢连成整体，剩余的降温及收缩作用将以混凝土的抗拉强度来抵抗，即后"抗"。遵循"抗放兼施，先放后抗"，最后"以抗为主"的原则控制裂缝。

根据现场情况，南、北两区同时浇筑、同步施工，浇筑过程中两个仓格的浇筑间隔 7 天以上，顶板浇筑顺序同底板浇筑顺序一致，外墙施工按照底板施工顺序进行。由于部分相邻的两个仓格 7 天间隔时间太长，满足不了工期要求，局部改为膨胀后浇带。底板分仓及浇筑顺序如图 6.4.3-2 所示。

3. ALC 条板墙施工技术

本工程内外墙均采用新型墙体材料——ALC 蒸压加气混凝土条板墙。ALC 条板墙可在工厂定尺加工，现场组装速度快，经实际测算，其施工工效可比传统砌筑墙体提高 30%，且 ALC 条板墙具备免抹灰条件，可节省墙面抹灰工序，提高装饰装修阶段施工速度。ALC 蒸压加气混凝土条板墙如图 6.4.3-3 所示。

6.4.4　钢结构施工技术

1. 展厅大跨度钢桁架分段吊装技术

（1）四弦凹形桁架分段工艺

项目建设初期，拟采用 500t 履带起重机进行吊装，将整榀桁架分为四段，最大重量为 135t，经综合分析后发现，因履带起重机重量太大，基础承载力不能满足要求。重新将桁架划分为六段，最大重量为 95t，采用 350t 履带起重机吊装，下铺设 9m 的路基箱能满足现场要求。故采用有限元分析，按照将整榀桁架分六段进行吊装的方法组织实施（图 6.4.4-1）。

图 6.4.3-3　ALC 蒸压加气混凝土条板墙

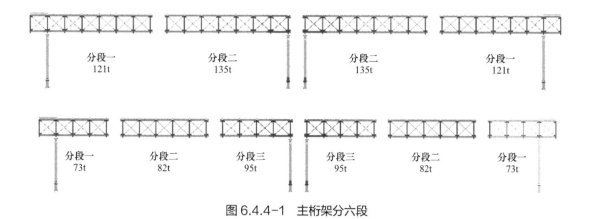

图 6.4.4-1 主桁架分六段

（2）应用照片（图 6.4.4-2）

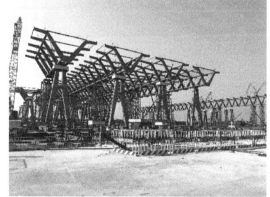

图 6.4.4-2 现场实施照片

2. 钢桁架地面拼装胎架施工技术

（1）应用有限元分析

按照确定的方案，进行地面拼装平台的设计，主杆采用 HW400×400 型钢，底部中间水平连杆竖向立杆采用 HW250×250 型钢，斜撑杆及上部水平连杆采用 HW200×200 型钢，根据四弦凹形桁架对尺寸进行专门设定。对地面拼装平台和桁架拼装全过程通过 midas Gen 进行有限元分析（图 6.4.4-3）。

（2）应用照片（图 6.4.4-4）

3. 可周转组合格构柱支撑系统应用技术

本工程中采用标准化的支撑金属模板进行四弦凹形桁架的支撑，采用圆管格构柱的形式，将底部路基箱搁置在混凝土底板上。两块路基箱并排铺设，规格为 200mm×1800mm×5400mm。安装过程中需对桁架分段进行微调，将会因此或因其他因素而产生一定的水平力，安装的金属支撑模板存在倾覆风险。

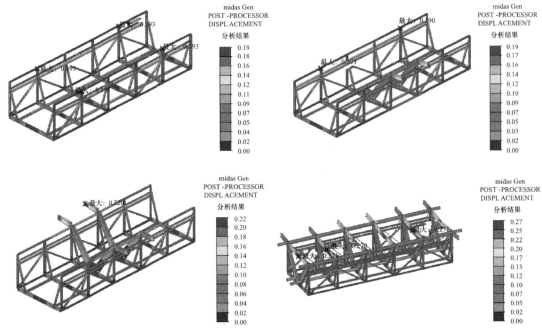

图 6.4.4-3　地面拼装计算分析

图 6.4.4-4　现场实施照片

4. 展厅多跨连续屋面钢桁架结构分段卸载技术

实施安装卸载的区域为展厅区，桁架结构设计为四弦凹形钢桁架结构，倾斜腹杆采用预应力钢拉杆，每两个展厅共用一个屋盖，单跨为84m，屋盖尺寸为186.36m×159.7m，高度为23.28m，总重量为4700t，由两侧A类铰接、B类刚接的人字柱支撑。

为确保卸载过程的安全性及结构体系的受力合理性，对整个卸载过程中各类工况下桁架出现的应力、变形进行midas Gen的有限元分析模拟验算（图6.4.4-5）。

在第四榀桁架安装完成后，对第一榀桁架进行卸载。故建立展厅的四榀桁架的安装模型，钢构件的尺寸与材质皆依工程实际设置。

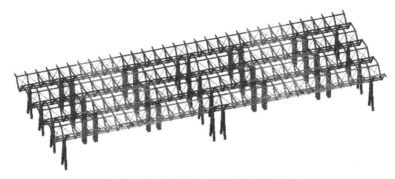

图 6.4.4-5　第一榀桁架卸载前变形

模拟分析后可知：桁架跨中位移卸载前后差 80.84mm，小于设置预拱度 105mm 的设计要求；最大应力为 154.9MPa，预应力腹杆最大应力为 66.6MPa，皆满足小于 295MPa 的要求。计算确定了分步卸载中最大千斤顶反力为 465.3kN，为后续工器具选择提供依据。

针对施工现场两种下部支撑与桁架底部固定形式，提出并实施了两种卸载方法。

（1）逐步抽钢垫板的方式

这种方法适用于桁架与支撑间设置多层等厚垫板的情形。具体实施方式为：在支撑及桁架间布置与有限元分析相适应的千斤顶，固定后顶起，采用逐步抽钢板的方式进行卸载（图 6.4.4-6）。

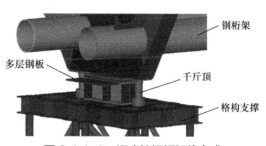

图 6.4.4-6　逐步抽钢板卸载方式

根据卸载工况模拟分析所得的支撑位置的卸载位移量，控制每次移除垫板的高度 ΔH（每次卸载量控制在 20mm），直至完成某一步的移除垫板且结构不再产生向下的位移后拆除支撑金属模板。

（2）液压千斤顶同步卸载

将千斤顶换成智能液压千斤顶，利用计算机同步控制液压千斤顶的上升、停留、下降，实现桁架卸载的同步进行和精确控制。

具体实施方法为：根据支撑点反力计算出液压千斤顶的型号，通过电脑设置并控制千斤顶的上升、下降位移量，行程速度规定为 3cm/s，有效避免钢桁架内部应力剧烈变化，每次稳定后停留 10min，待桁架变形稳定后再进行下一次的动作，有效保证卸载缓慢地进行，控制卸载的速度。

（3）四弦凹形桁架卸载数据分析

根据设计图纸要求，84m 长度的四弦凹形桁架跨中起拱值为 105mm，工程实施中通过地面拼装起拱和支撑起拱两种方式进行预拱的设置。

地面拼装胎架设置起拱主要是对吊装分段两端预拱度之差及各部位的预拱度进行设置

（图 6.4.4-7），达到地面拼装桁架的预拱度；支撑上部定位放线出起拱后桁架下部的标高，设置等厚钢垫板或型钢实现起拱。

图 6.4.4-7　地面拼装垫板起拱及支撑上部设置起拱

首先在卸载前检查各个位置的反射贴片并对桁架整体数据进行测量；逐步卸载过程中，在每次抽板或液压同步卸载时进行测量数据收集；桁架卸载完成后，每隔 2 小时进行一次复测，直至下沉位移明显变化。后续按照每次间隔 2～3 天进行一次复核至不再下挠。

5. 超大伞柱自平衡高空拼装技术

（1）整体安装部署

在安装的过程中利用 H 型钢、捯链、树形边梁形成不同的三角形稳定对称平衡结构，实现单个树形结构无支撑安装。

工程中共有 32 个该类型树形结构，划分成 8 个流水段进行安装，即同时从建筑中心向 4 个方向安装 4 个树形结构，完成该建筑钢结构的安装。

（2）无支撑自平衡安装法

无支撑自平衡安装法是指在树杈构件拼装的过程中，在对称安装构件间设置有效的连接，形成树形结构的平衡体的安装方法。针对该工程树形结构的构件对称这一特点，在树形结构安装的过程中，通过构件三级自平衡结构来实现安装。

1）树形结构一级平衡体系构建

在下层 4 个分杈构件 ZC1 安装的过程中，将树形结构伞座与对称的两个分杈在地面拼装成一体，中间用 H200×200 型钢拼接成一体，形成稳定的三角形结构。然后对剩余两个对称下层分杈构件进行对称吊装，同样用 H 型钢与之前的构件进行焊接，形成稳定的空间平衡结构，从而形成安装过程中的一级平衡体系。最后进行 4 个下层分杈拉杆的安装，焊接后形成稳定的分杈结构（图 6.4.4-8）。

2）树形结构二级平衡体系构建

安装完成下层分杈构件，进行顶部节点 ZC3、内部分杈 ZC4 及内部分杈连接 ZC5 的

图6.4.4-8 通过H型钢及拉杆构建一级平衡体系

安装，安装过程同样体现对称平衡的原则，保证下部结构不受偏心力的作用。

在上层分杈a类构件安装的过程中，利用可调节的捯链将上部中分杈与安装完成的内部分杈节点进行连接。同样，上部中分杈、捯链、内部分杈形成稳定的三角形，保证安装构件的稳定性。在上层中、角分杈a的逐步安装过程中，利用分杈拉杆a形成更加稳定的空间结构，从而形成树形结构安装过程中的二级平衡体系（图6.4.4-9）。

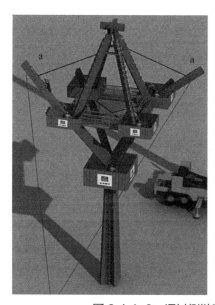

图6.4.4-9 通过捯链及拉杆构建二级平衡体系

3）树形结构三级平衡体系构建

在上层分权 b 类构件安装的过程中，同样利用捯链构件的平衡体系进行安装，在此基础上进行树形结构边梁节点的安装，利用柱内连接梁将边梁进行固定，焊接完成后进行树形边梁的安装，形成稳定的三级平衡体系（图 6.4.4-10）。

图 6.4.4-10　通过连梁及钢拉杆构建三级平衡体系

（3）应用图片（图 6.4.4-11）

图 6.4.4-11　现场实施照片

6. 钢结构测量监测成套技术——测量机器人及三维激光扫描应用

本项目机电、幕墙、屋面安装作业对主体钢结构施工精度要求非常高，故须保证其他专业作业的施工面按时间及要求交付。针对钢结构安装精度要求高的特点，项目部引进高标准的三维激光扫描仪 Focus 3DX330 及数据处理软件，对钢结构构件进行扫描，生成点云模型。将数据通过点云模型与从 Tekla 中导出的构件模型进行对比分析，找出实体构件与模型构件差别大的位置，指导加工厂确定构件加工工艺的控制点，并对工程现场安装控制点进行合理的调整，避免出现钢结构安装的累计误差（图6.4.4-12）。

利用iCON robot 60测量机器人对复杂空间的四弦凹形桁架、中央大厅树形钢结构安装进行智能测量，有效地使BIM模型与现场测量结合起来（图6.4.4-13）。

图6.4.4-12　三维激光扫描仪现场布置（左）及点云模型与实体模型对比（右）

图6.4.4-13　测量机器人现场布置（左）与手持端操作（右）

项目采用三维扫描技术对支撑卸载完成后的钢结构进行整体扫描，将屋面、幕墙安装位置的偏差数据通过点云模型与从Tekla中导出的模型进行对比，自行识别出偏差较大的位置。将这些偏差数据通过总包发送给其他专业，便于深化人员进行连接部位的制作和调整，提前避免数据误差导致的现场无法安装的问题，大大提高各专业的衔接效率。

利用测量机器人对展厅桁架、中央大厅树形结构进行模型测量放线，有效地将测量作业的效率提高了31%。

6.4.5　机电施工技术

1. 空调机房管道预制施工技术

本项目16个展厅的空调机房数量达288个，每个展厅同规格同尺寸立式空调机组为34台，每台机组供回水管及送风新风管安装形式相同。

风管安装施工时，竖向风管高差大，对安装精度的要求高，每节风管标准长度仅为1240mm，面对高差近10m的竖向风管，为了缩短高空作业过程中紧固螺栓的停留时间，需先行在地面对风管进行密封处理及螺栓紧固工作，再采用整体吊装形式将其安装在预先固定好的支吊架上，极大程度上缩短了安装时长，高效安装的同时也大大缩短了工人在高空停留的作业时间。

机房内空调供回水管安装施工时，各个机房内部相似程度极高，整体施工作业面广，同步施工对人力物力要求较高，管道焊接工作量大，焊接质量难以把控。项目严格落实样板引路制度，样板确认完后进行大面积管道阀组预制工作，将阀组周边焊接焊口减少至两道，且预制施工不受各专业施工条件限制，在库房内加工即可，现场作业面移交之后能在最短时间内完成管线施工，为项目机电工程工期履约打下坚实基础（图6.4.5-1）。

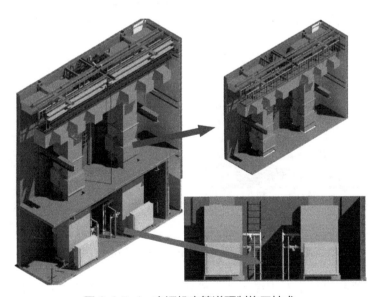

图 6.4.5-1　空调机房管道预制施工技术

2. T接电缆施工技术

本项目展位箱电缆安装于展厅地面次管沟内，每个展厅共计16条次管沟，每条次管沟共计10个展位箱，电缆引自南北两侧强电井，数量多、长度大，现场施工空间有限，如采用T接箱接驳非常耗费人工；为保证现场展位箱接驳空间充足且加快施工进度、方便后续维护，采用预分支电缆，即对分支电缆外套的合成材料进行气密性模压密封制造的电缆，它具有供电安全可靠、绝缘性能好、配电成本低、对安装环境影响小及安装后维护要求低等优点，预分支电缆是将已在厂内标准化生产好的电缆利用其终端吊头与挂钩吊具水平安装于次管沟内，主干电缆顶端配置绝缘牵引挂具，并依靠挂钩横担固定支架及电缆夹具等，这些辅件用来承担电缆的重量并起固定作用，利用厂家进行电缆分支预制节省现场施工时间、降本增效（图 6.4.5-2 ）。

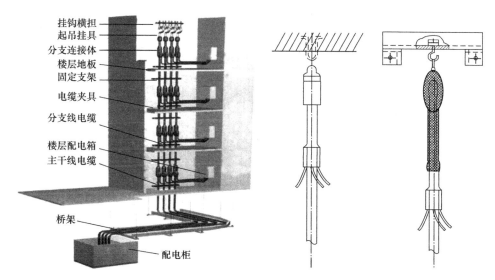

图 6.4.5-2　预分支电缆原理图（左）与电缆敷设安装大样图（右）

3. 地源热泵换热井打井综合施工技术

本项目地源热泵打井区域分东西两个区域，共 2716 口换热井，其中西区 1456 口，打井区域绝对施工工期不足两个月，施工包含横管敷设及回填土等工序。为保证地源热泵工期进度及施工质量，采用自制钻杆运输车代替人工进行钻杆倒运，每个钻杆使用完后被放到运输车上，靠车辆自身的高差将其传送到下一口井的位置，一口井打完之后再将车辆推到下两口井中间的位置进行再次使用，此装置在节省人工的同时能够加快施工进度。

同时采用可移动式泥浆车代替传统挖沟方法进行泥浆回填，泥浆罐为高 2m、直径 2.2m 的圆柱罐，下方拼装有支撑台及滚动轮。为满足运输需要，泥浆车下垫槽钢轨道，通过交替移动轨道进行运输。泥浆车每次可供 4 口井同时进行打井施工，一个区域施工完成后可借由轮子及轨道将车运输至下一区域进行施工。此装置在满足绿色文明施工要求的同时能够提高施工效率，加快施工进度。

4. 管廊大型综合支架施工技术

本项目综合管廊单条长约 340m，机电管线密集处包含 15 个桥架和 35 个水暖管道，内部管线长、数量多、管线安装要求精度高。在综合管廊的施工中，支架的施工是前提，一旦控制精度出现偏差，进行拆改将耗费巨大，且会对后期管道的对接安装产生影响。为保证管廊的施工进度及质量效果，本项目结合现场实际情况，对大型综合支架进行了工厂化预制及现场拼接。从对支架进行受力分析计算开始，确定支架型材规格，运用 BIM 对支架进行分别测量预制，按照工序对支架进行流水化作业，实现了管廊大型综合支架的快速施工。工艺流程如图 6.4.5-3 所示，实施照片如图 6.4.5-4 所示。

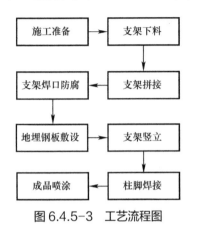

图 6.4.5-3　工艺流程图

图 6.4.5-4　实施照片

6.4.6　金属屋面施工技术

1. 铝镁锰金属屋面施工技术

（1）根据金属屋面的结构及当地气候条件对金属屋面的板型及材质进行设计优化。

（2）金属屋面结构技术：对金属屋面进行结构性优化，根据设计要求的外观形式，通过不同规格的檩托与檩条结合塑造可承载屋面外观的结构层。

（3）屋面保温与防水技术：屋面底板上方铺设隔汽层与岩棉，能起到有效保温的作用，另外使用岩棉除了保温还可以防火；上方铺设 TPO 能将意外渗入的水导入天沟，起到二次防水的作用。

2. 屋面细部节点优化

（1）外观效果的节点优化

在临边及洞口的部分采用收边板，针对不同位置设计出不同的收边，收边除了美观外，更加主要的作用是导水与防水。将屋面临边上的水导入屋面板进行天沟排水，防止雨水通过临边间隙渗透。

（2）内部细部节点优化

1）天窗节点。屋面天窗防渗漏的重点在于对雨水的引流，开启天窗角度应尽量超过固定天窗，避免雨水汇集、积聚，这是引流最基础的构造措施，窗体之间固定型材的泛起高度应尽量上延，最大限度地保证可蓄水量。最上层的迎水面设有挡水板，防止雨水对开启位置进行冲刷，将雨水引至开启天窗两侧，进行引流（图 6.4.6-1）。

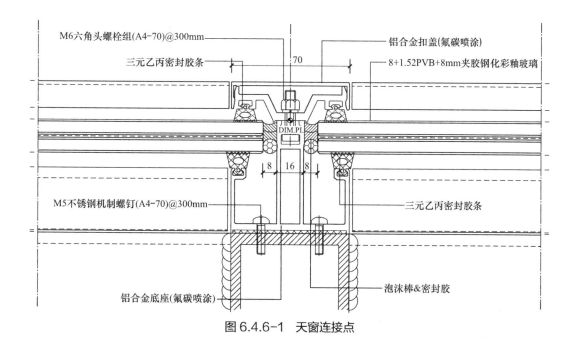

图 6.4.6-1 天窗连接点

2）天沟节点。对天沟采用不锈钢水槽进行氩弧焊接，天沟中间设有虹吸雨水斗进行排水，在天沟两侧将屋面 TPO 导入水槽并用收边件固定在天沟压块上（图 6.4.6-2、图 6.4.6-3）。

3）室内屋面天沟封板开设溢流口，将雨水导入室外天沟，形成分流（图 6.4.6-4）。

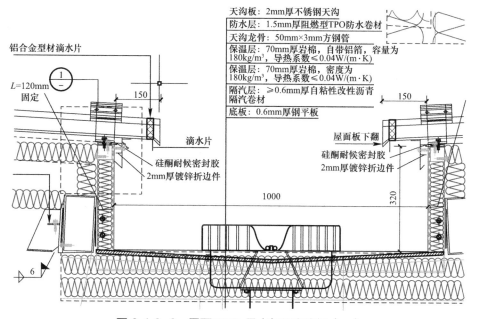

图 6.4.6-2　屋面 TPO 导水与天沟连接（一）

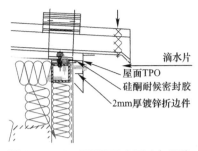

图 6.4.6-3　屋面 TPO 导水与天沟
连接（二）

4）避雷节点。通过自攻钉将避雷件与檩条连接，有效地排出金属静电，起到避雷作用（图 6.4.6-5）。

3. 临海地区金属屋面抗风揭技术措施

临海地区风压较大，因此需在屋面板上安装抗风夹（图 6.4.6-6）。屋面板是以大边锁小边进行咬合的方式被锁紧在支座上方，在高风压区域采用咬边技术并增加抗风夹且将其锁死，可有效防止屋面被风揭。

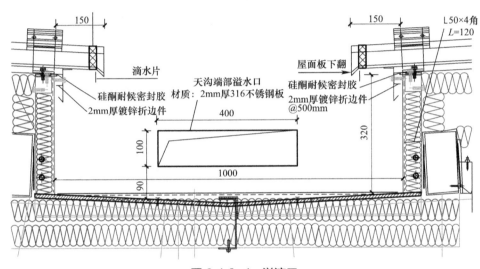

图 6.4.6-4　溢流口

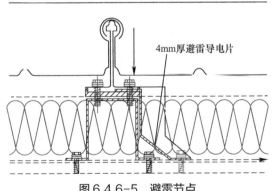

图 6.4.6-5　避雷节点

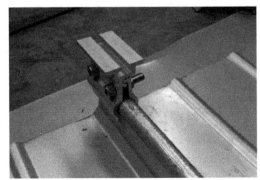

图 6.4.6-6　抗风夹

6.4.7　钢桁架玻璃幕墙施工技术

中央大厅幕墙钢结构长 224m，宽 80m，主要由桁架结构及桁架间矩形管横梁和拉索结构构成，其中高桁架 36 榀（高 × 宽：32.65m×1.51m），矮桁架 60 榀（高 × 宽：19.5m×1.51m），柱脚底部和顶部为销轴连接，桁架与横梁结构采用焊接。

本工程工期紧，大厅幕墙为装配式，造型复杂，系统吸收结构偏差的能力差，对外观质量的要求高，故将原始的焊接矩形管方案由圆管改为方管，此方案优点为增加结构强度及外观美感，减少焊接量及加工工艺环节，缩短工期 1 个月。

因整榀桁架结构长度过大，运输受限，故将桁架结构相应地分为 3 段或 2 段，在工厂加工，最大限度地减少现场焊接量，现场再采用将分段桁架结构进行组装拼接的方式进行吊装，保证施工进度并符合安全要求（图 6.4.7-1）。

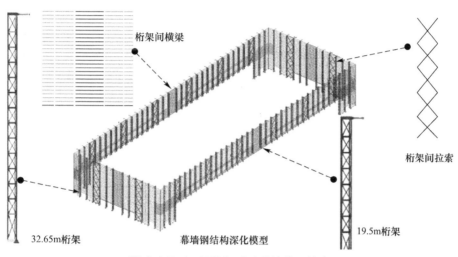

图 6.4.7-1　钢桁架玻璃幕墙施工技术

6.5　高效建造管理

6.5.1　组织管理

总承包组织架构设置企业保障层、总承包管理层、施工作业层三个层次，按照对人员、资历、业绩的要求设置相关岗位，并配备相关项目管理人员，使得总包管理与总包实施项目由各职能部门负责管理，项目协调部门负责配合，各部门共同做好生产管理和服务。

建立前期直线职能式＋后期矩阵式组织架构模式，组建一个总包管理部、三个区域生产项目部的施工指挥系统；编制《国家会展中心项目作业手册》，明确总包的资源调配和体系管理职责，三个生产项目部主导现场施工生产的组织架构，以指导现场施工生产。

鉴于本工程的重要性，成立项目专家顾问团，为本项目土建、钢结构、幕墙、机电安装、精装修等各专业提供施工全过程的技术咨询服务，为各专业施工提供有力的配合，确保建造技术的先进性和可靠性，确保各项管理目标的实现。

6.5.2 设计管理

1. 设计管理组织机构

国家会展中心（天津）工程将中建八局华北公司设计管理团队纳入总承包管理体系，项目设立设计管理部，其下设置专职设计副总工 1 名，根据施工不同阶段设置各专业设计师最多 5 名，由总包部项目总工程师分管，见表 6.5.2-1。

设计管理组织机构　　　　　　　　　　　　　表 6.5.2-1

序号	人员配置	工作职责
1	专职副总工 1 人（设计经理）	对外协调勘察设计单位和业主设计管理部门的相关工作；对内牵头技术、商务、物资、工程各部门联动编制设计策划书；参与设计定案；及时反馈信息和优化整体策划统筹
2	配合技术员 1 人	设计图纸文件的管理（收发流程，建立台账，定期核销）；设计优化策划的管理（确保优化策划项及时入图）
3	专业驻场代表 1 人	协调相关专业在现场的设计、施工、采购工作
4	专业负责人 5 人	相关专业设计方案的引导、优化和深化

2. 深化设计工作、管理流程（图 6.5.2-1、图 6.5.2-2）

管理过程的相关要求如下：

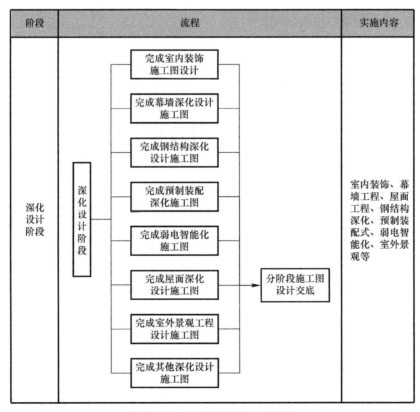

图 6.5.2-1　深化设计工作流程

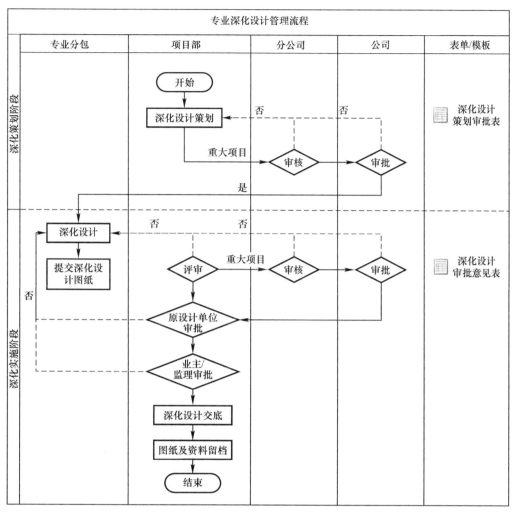

图 6.5.2-2 深化设计管理流程

（1）考虑每个分部分项工程的深化图纸提交及开始施工的时间，预留足够时间，满足设备采购和备料加工的周期要求。

（2）提前考虑分包单位招标进场，及时插入深化设计实施。

（3）深化设计必须综合考虑机械设备及材料的选择问题。

（4）深化设计文件提交时需要明确所使用的材料和设备的具体要求，包括材料和设备的参数、型号、使用条件及部位，满足现场备料、备产的要求。

3. 深化设计管理成效

会议会展类项目建造特点就是体量大，考虑整体施工成本、工序及人机料因素，对项目分区、分阶段、分部位实施。按照实施计划要求，分区、分阶段、分部位进行深化设计，以满足施工生产进度为目标，对深化设计质量进行整体把控，紧盯落实，保障现场施工顺利进行。

深化设计管理时为保证顺利实施，可成立专业 BIM 管理团队，与深化设计专业相结合，通过 BIM 分析，提前发现各专业设计之间的碰撞问题，处理设计施工中的问题，提前解决问题。

按照总体计划要求提前编制各专业专项深化计划，明确深化设计及审图节点，明确实施各方的职责，使各深化设计处于可控状态。通过上述一系列举措，大大缩短了深化设计周期，成功实现了深化设计阶段的快速建造。

6.5.3　计划管理

总承包管理部下设置计划管理部，配备计划经理 1 名，计划工程师 2 名，对项目部各项计划进行管理与考核以及进度计划纠偏维护。

1. 计划编制

开工 1 个月内由项目经理组织各职能部门负责人编制完成项目一级总进度计划，作为整个项目的计划总纲，项目部所有部门根据计划总纲编制各系统派生计划，如设计进度计划、方案编制计划、工程实体年度进度计划、专业队伍与材料设备招采计划、材料封样计划、质量安全样板验收计划、分部分项验收计划等，明确责任部门与责任人。计划编制完成后上报给总承包管理部计划经理审核，由项目经理审批后执行，过程中由计划管理部负责考核。计划编制分工见表 6.5.3-1。

计划编制分工

表 6.5.3-1

序号	计划名称	编制责任部门	职位
1	总进度计划	总包管理部	项目经理
2	设计进度计划	设计管理部	设计经理
3	方案编制计划	技术管理部	总工
4	工程实体年度进度计划	工程部	生产经理
5	专业队伍与材料设备招采计划	商务管理部	商务经理
6	材料封样计划	物资部	物资经理
7	质量样板验收计划	质量部	质量总监
8	安全样板验收计划	安全部	安全总监
9	分部分项验收计划	质量部	质量总监
10	平面管理计划	计划管理部	计划经理
11	界面管理计划	总包协调部	协调经理
12	劳务管理计划	工程部	生产经理
13	环境管理计划	工程部	生产经理

2. 计划实施

所有部门根据各总控计划细化分解本部门的月计划、周计划与日计划，并将主要节点目标打印上墙，工程部根据个人负责的不同区域，制定个人辖区管理范围"一张图计划"，将现阶段区域进度计划、平面布置、工序穿插计划、结构做法、建筑做法、节点大样、结构说明、塔式起重机覆盖范围、吊重限载线性分布等绘制在一张图上。对照现场实际作业面，每天详细梳理各部位工作完成情况，与作业队进行分析，若有滞后及时采取纠偏措施，如图6.5.3-1所示。

国家会展中心(天津)一期项目展馆区及能源站室外工程一张图

图6.5.3-1 个人辖区管理范围"一张图计划"（示意图）

3. 计划考核制度

开工之初，公司根据项目履约节点，与项目部签订工期责任状，梳理各里程碑节点完成时间，同时确定部分主要招采与验收节点，明确奖罚标准，督促项目过程履约。

鼓励项目全员积极调配资源、合理规划施工顺序，确保进度计划的顺利实施，并由计划工程师负责对各项计划落实情况进行考核。

制定项目内部考核机制，根据月度计划完成情况，统一对各部门评比打分，由项目班子成员共同决定，每月对前三名的部门予以奖励。

制定针对项目各分包的考核机制，根据总进度计划安排，按月进行实体进度考核，对排名前三的分包专业予以奖励，排名后三的分包专业接受处罚，制定抢工纠偏措施，报总包项目部审批。

4. 劳动竞赛

组织全场所有劳务队伍进行劳动竞赛，根据每个区段工作量划分设置奖金池，在确保安全、质量、环保的基础上，进度提前越多，奖金池中累计金额越高，从每个区段分项工程完成后当月进度款中兑现，通过正向激励机制，提高工人积极性，确保进度。

6.5.4 采购管理

1. 采购管理架构及基本要求

本工程由于场地大、工期紧，时间紧迫性强，所以在做采购管理的时候需要项目层级、公司及分公司层级同时介入，公司直管的项目1公司、分公司人员常驻现场，保证审批渠道畅通。招采工作采用局北办决策、公司主导、分公司组织招采、项目部全力配合的组织形式，严格落实"三级联采制度"。具体如图6.5.4-1所示。

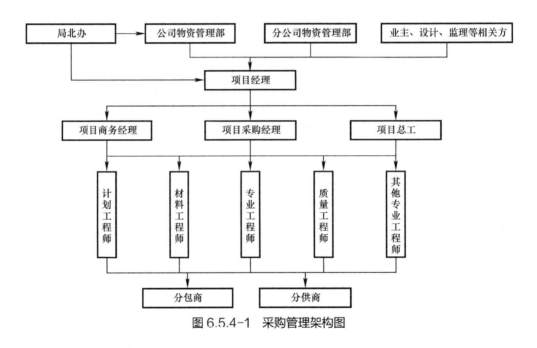

图 6.5.4-1 采购管理架构图

2. 招标管理

根据项目工期紧、体量大，人员多等情况，制定招标采购计划，根据技术部、图纸、投标清单、公司联合招标等资料，结合其他项目招标清单进行编制。对于型号、数量进行控制，尽量保证招采计划的准确性与及时性。严格按照公司标准化规范，进行公开招标采购，对主材、非主材项进行区分，从招标申请到定标报告，从公司资源配置到合格供应商审核，恪守规范。

为了实现招采工作快速及时开展，以招采全过程流程为基础拓展、延伸、明确各岗位要求和时限（表6.5.4-1、图6.5.4-2）。

招采全过程流程表

表 6.5.4-1

序号	实施内容	具体要求	时效性	主责人/部门
1	招标清单	商务部根据设计图纸完善招采清单	招标启动前 10 天	项目商务经理
2	招标文件	技术部根据设计要求提出材料设备技术参数和要求，物资部完善招标文件	招标启动前 7 天	总工程师、物资经理
3	招标文件评审	物资部组织相关人员对招标文件（主要包含招标清单、技术参数、技术要求、交货周期、付款条件等）进行综合评审	招标启动前 5 天	采购经理
4	分供商资格预审	物资部组织相关人员对拟邀分供商进行考察筛选，主要从设计深化能力、生产能力、产品品质和性能、财务能力、管理能力、供货能力、售后服务能力、运输能力、业绩等方面进行考察	招标启动前 3 天	物资经理、总工程师
5	标前答疑	投标人书面指出招标文件中的可疑条款，招标小组人员进行逐一答复，投标人书面回复确认	开标前 3 天	总工程师、物资经理
6	开标评标	现场公开开标，开标完成后评标小组成员根据投标人的投标文件进行评标	开标当日	物资经理
7	定标	评标小组成员共同讨论推荐拟中标候选人	开标完成后 3 天内	分公司总经济师
8	合同评审	招标文件、招标小组成员对合同条款进行评审并形成终审合同	定标完成后 3 天	物资经理

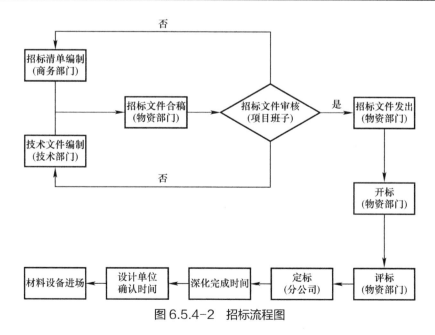

图 6.5.4-2　招标流程图

3. 采购策划管理

（1）以工期为主线，切实与技术、商务、工程相结合，完全按照招标和合同要求，提前进行招采计划的编制，重点管控大宗紧要材料设备的招采，把控好节点。

（2）过程中与技术、商务、工程等部门形成联动机制，提前讨论确认具体进场时间，精确到天。

（3）主材计划。项目开工时，确定相对准确的钢筋、混凝土、管桩、水泥、灰砖、白灰、砂浆等主材计划总量，按不同使用部位、型号、规格等进行分类统计，并参考对照商务量、图纸量、其他项目工程量等进行对比分析。

（4）分类管控策划。本工程部分材料由局办采购、项目组织进场，每周向公司上报准确的计划，在保证现场施工的情况下保证有序、有计划地控制库存量。具体可见表 6.5.4-2、图 6.5.4-3。

分类分级管控策划表 表 6.5.4-2

序号	采购类型	策划方法
1	局办采购	每周上报公司准确的计划，保证有序、有计划、在保证现场施工的情况下控制库存量
2	公司采购	圈定多家中标单位，综合考虑中标单位实力，在合理低价下进行必有选取部分使用，同样其余单位作为备选随时准备入场，保证资源的储备性
3	分公司采购	地材采购很多制约，现款现货较多，公司管控难度大，策划如下： （1）引入中间供应商，和供应商签订合同，保证主动权和优先权，打破先款后货的模式； （2）招标入围合格供应商多家，引入外地供应商，对天津市管桩价格进行价格竞争； （3）对多家供应商进行实地考察，保证库存量

图 6.5.4-3 局办采购材料流程图

6.5.5 技术质量管理

1. 技术管理

对各专业技术工作进行分段、分部、动态调控，其主要管理内容为：

（1）施工图纸与技术资料的管理；

（2）各专业施工组织设计、施工方案的审批管理；

（3）设计图纸中的错误、遗漏等需要更改的确认工作管理；

（4）图纸会审、变更及洽商管理；

（5）各专业深化设计管理；

（6）测量试验的管理；

（7）技术交底管理；

（8）工程技术资料管理；

（9）规范标准管理；

（10）"四新"技术的推广与应用；

（11）协调、指导各分包单位的技术管理。

2. 质量管理

为实现本工程合同规定的"鲁班奖"质量标准，项目全面贯彻"百年大计，质量第一"的质量管理方针，严格执行国家标准及规范，重点强调工程内在质量，突出工程观感效果，确保每道工序受控，交付业主满意工程。

（1）体系建设

针对本项目体量庞大、人员需求量大的特点，项目在准备阶段建立健全20余项具有实操性的质量管理制度来约束本项目管理人员和分包单位的质量管理行为。

（2）管理人员和分包单位的选择与考核

在施工过程中项目质量部严格落实《质量管理岗位责任制考核制度》《分包单位施工质量月度评比制度》，每月不仅对项目各岗位的质量管理行为进行考核，同时也对所有参建单位施工质量综合考评，考评结果予以公示，并与项目商务机制联动，将分包考核结果与月度工程款计提相结合，有效地管控分包单位施工质量。

（3）样板引路

项目实施样板引路制度，每道工序必须落实样板先行，验证方案可行性，在样板施工过程中提前发现问题，避免出现大面积返工现象，为加强项目施工过程中对关键工序的质量控制执行力，规范施工质量控制流程，统一标准、操作程序和施工做法，有效防止质量通病，提高整体施工质量管理及控制水平。

（4）项目质量检查验收手册

依据施工图纸和相关规范标准，针对不同专业施工阶段编制了适应工程特点的《专业工程质量检查验收手册》，手册内容涵盖了各专业施工过程中可能遇到的质量问题清单、各专业施工工序及施工工艺、工程材料加工运输质量控制要点以及每道工序施工质量控制要点和验收标准。

（5）检查验收

材料进场验收：在专业工序施工阶段，项目部安排专职材料质量验收人员对进场的专业分包单位的材料统一在项目场地外验收，未经验收合格严禁进入施工现场，进场材料所需的合格证、材料复试报告等资料必须经项目总工程师审核签字。

（6）一次成优

以创建全过程精品观摩工程为目标，严格进行过程管理，强化过程一次验收合格率、一次成优，避免反复整改，杜绝事后大面积修补成优。

（7）实测实量

通过建立产品实体质量实测实量体系及系统实施的方式，客观真实反映项目各阶段的工程质量水平，促进实体质量的实时改进和持续提高，进而达到实体质量一次性合格的目标。

6.5.6　安全文明施工管理

1. 安全管理

建立健全安全生产管理机构，配备安全生产管理人员，建立健全项目部安全生产责任制，按管理职责分别配置人员，负责项目安全生产的顺利实施。各分包单位按照总包单位要求和规定成立相应的安全生产管理机构，协助总承包单位处理好该分包单位的安全管理等工作。

制定项目部安全生产规章制度，包括安全检查制度、安全教育培训制度、设备设施验收制度、班前安全活动制度、安全值班制度、特种作业人员管理制度、安全生产责任制、安全生产责任制考核制度、安全生产责任目标考核制度、事故报告制度、安全防护费用与准用证管理制度、安全技术交底制度等内容。

总承包单位与各分包单位签订安全生产协议书，确定各方在安全生产中的责任和奖罚指标。

各分包单位在进场施工前，应填写工作面交接单。对现场的所有防护设施应进行验收，并将其记入交接单内，现场所有防护设施不允许自行挪动和拆除。在施工现场、工人生活区挂设安全标志牌，时刻提醒相关人员注意安全。

分部分项施工过程中有专门的安全技术措施，且应向其操作班组进行书面交底，要求对所有施工人员均进行交底。

每周召开安全例会，同时对本周检查中发现的问题进行公示，明确责任人及整改时间，形成检查记录及隐患销项清单以使监督整改。日检、周检、月检、生活区检查、临时用电检查、机械检查、消防检查、隐患排查等日常专项检查全面交替进行。

根据计划展开多项安全教育，包括安全教育、早班会教育、月度安全教育、节前教育、特殊工种教育、管理人员教育，保证教育的全覆盖性。根据实际工程进度，开展多次应急救援演练，使工人掌握相关自救知识及技巧。

临时用电管理：本工程现场共有 15 台临时变压器，现场南侧 7 台（其中 3 台 630kVA，4 台 400kVA），北侧 4 台（630kVA），其余变压器调拨至配套区使用；现场共有总配电室 5 个，办公区 1 个，生活区 4 个；现场共有一级配电柜 35 台，二级配电箱 161 个。现场电缆从各变压器出发走到一级柜，再分别从一级柜走到二级箱，每个展厅均配备 6 个二级箱供施工使用，现场主要负荷集中在各个展厅的钢结构焊接中。

2. 文明施工管理

明确文明施工管理目标，实现"亮化、硬化、绿化、美化、净化"和"四节一环保、绿色施工"。

建立健全文明施工管理制度。

流动人口管理：登记进场施工人员资料（身份证号码、家庭住址等），并存档。

人员形象管理：各类人员佩戴不同颜色安全帽以示区别；所有操作人员统一服装，执行企业形象标准。

场容场貌管理：根据业主对施工形象的要求，结合企业形象手册，对施工现场进行形象设计和规划。

场区规划：办公区、生活区、加工区与施工区分开设置。

办公区采用集成式箱式房。工人生活区配套设施齐全，超市、理发室、医务室、晾衣架、开水房、洗衣间、淋浴间、盥洗间、卫生间按要求配备，并提供相应的娱乐设施、图书室等。

交通运输布置：根据本项目的特殊情况设置了南北 4 条主干道，东西 2 条主干道，形成环形双车道；现场共设置 6 个大门，1 号门为天津大道入口岗亭，2 号门为办公区及迎宾主入口，其他运输车辆由 3 号门专入，6 号门专出，4、5 号门平时不通行，应急时开启通车。

材料堆放：妥善存放和处理材料设备和施工机械，易飞扬细颗粒的建筑材料密封存放，易燃易爆和有毒有害气体分类存放；材料码放整齐并挂牌标示。

操作面管理及垃圾分类：现场设置密闭式垃圾站，施工垃圾、生活垃圾分类存放，并及时清理现场。

场区保洁：场区入口设置洗车槽，供进出车辆冲洗；安排专人负责施工安全区域干道保洁，清理道路积尘、洒水除尘等，对场内垃圾及时组织外运。

卫生防疫：项目经理部建立卫生责任制，定期开展卫生检查、卫生教育、急救培训等卫生防疫活动。

6.5.7 信息化管理

1. 项目信息系统应用与管理

项目开工之初，由项目经理会同各部门编制总进度计划，经业主审批通过后，以此为基础编制线上计划模块系统计划，计划涵盖施工准备、设计、招采、工程、取证验收五大类节点，覆盖项目全生命周期，并将所有节点根据重要性划分为 3 个级别，每个节点开始之前，提醒相关责任人，超出计划完成时间系统自动进行红色预警，便于公司、分公司、项目部及时查阅。当节点按时完成后，由项目部上传验证资料，分公司与公司根据级别进行审批，及时了解项目实际进展（图 6.5.7-1）。

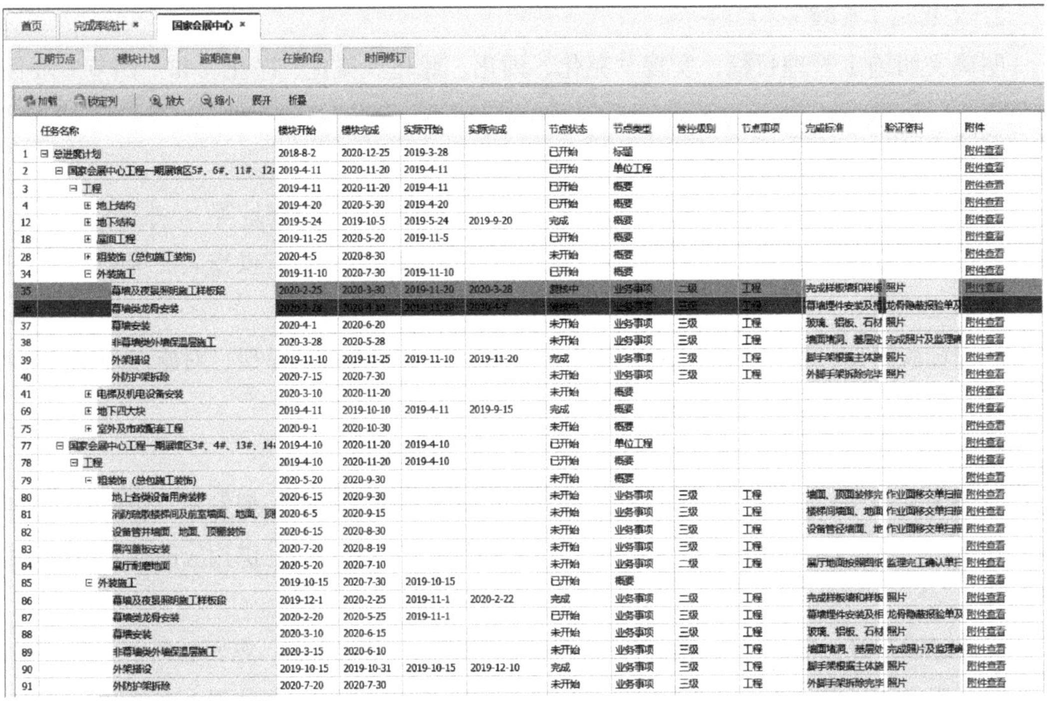

	任务名称	模块开始	模块完成	实际开始	实际完成	节点状态	节点类型	管控级别	节点事项	完成标准	验证资料	附件
1	总进度计划	2018-8-2	2020-12-25	2019-3-28		已开始	标题					附件查看
2	国家会展中心工程一期展馆区5#、6#、11#、12#	2019-4-11	2020-11-20	2019-4-11		已开始	单位工程					附件查看
3	工程	2019-4-11	2020-11-20	2019-4-11		已开始	概要					附件查看
4	地上结构	2019-4-20	2020-5-30	2019-4-20		已开始	概要					附件查看
12	地下结构	2019-5-24	2019-10-5	2019-5-24	2019-9-20	完成	概要					附件查看
18	屋面工程	2019-11-25	2020-5-20	2019-11-5		已开始	概要					附件查看
28	粗装饰（总包施工装饰）	2020-4-5	2020-8-30			未开始	概要					附件查看
34	外装施工	2019-11-10	2020-7-30	2019-11-10		已开始	概要					附件查看
35	幕墙及夜景照明施工样板段	2020-2-25	2020-3-30	2019-11-20	2020-3-28	复核中	业务事项	二级	工程	完成样板墙和样板	照片	附件查看
36	幕墙类龙骨安装	2020-2-28	2020-4-10	2019-11-20	2020-4-5	复核中	业务事项	三级	工程	幕墙埋件安装及相	龙骨隐蔽报验单及	附件查看
37	幕墙安装	2020-4-1	2020-6-20			未开始	业务事项	三级	工程	玻璃、铝板、石材	照片	附件查看
38	非幕墙类外墙保温层施工	2020-3-28	2020-5-28			未开始	业务事项	三级	工程	墙面堵洞、基层处	完成照片及监理确	附件查看
39	外架搭设	2019-11-10	2019-11-25	2019-11-10	2019-11-20	完成	业务事项	三级	工程	脚手架根据主体施	照片	附件查看
40	外防护架拆除	2020-7-15	2020-7-30			未开始	业务事项	三级	工程	外脚手架拆除完毕	照片	附件查看
41	电梯及机电设备安装	2020-3-10	2020-11-20			未开始	概要					附件查看
69	地下四大块	2019-4-11	2019-10-10	2019-4-11	2019-9-15	完成	概要					附件查看
75	室外及市政配套工程	2020-9-1	2020-10-30			未开始	概要					附件查看
77	国家会展中心工程一期展馆区3#、4#、13#、14#	2019-4-10	2020-11-20	2019-4-10		已开始	单位工程					附件查看
78	工程	2019-4-10	2020-11-20	2019-4-10		已开始	概要					附件查看
79	粗装饰（总包施工装饰）	2020-5-20	2020-9-30			未开始	概要					附件查看
80	地上各类设备用房装修	2020-6-15	2020-9-30			未开始	业务事项	三级	工程	墙面、顶面装修完	作业面移交单扫描	附件查看
81	消防疏散楼梯间及前室墙面、地面、顶	2020-6-5	2020-9-15			未开始	业务事项	三级	工程	楼梯间墙面、地面	作业面移交单扫描	附件查看
82	设备管井墙面、地面、顶棚装饰	2020-6-15	2020-8-30			未开始	业务事项	三级	工程	设备管径墙面、地	作业面移交单扫描	附件查看
83	展沟盖板安装	2020-7-20	2020-8-19			未开始	业务事项	三级	工程			附件查看
84	展厅耐磨地面	2020-5-20	2020-7-10			未开始	业务事项	二级	工程	展厅地面按照图纸	监理完工确认单扫	附件查看
85	外装施工	2019-10-15	2020-7-30	2019-10-15		已开始	概要					附件查看
86	幕墙及夜景照明施工样板段	2019-12-1	2020-2-25	2019-11-1	2020-2-22	完成	业务事项	二级	工程	完成样板墙和样板	照片	附件查看
87	幕墙类龙骨安装	2020-2-20	2020-5-25	2019-11-1		已开始	业务事项	三级	工程	幕墙埋件安装及相	龙骨隐蔽报验单及	附件查看
88	幕墙安装	2020-3-10	2020-6-15			未开始	业务事项	三级	工程	玻璃、铝板、石材	照片	附件查看
89	非幕墙类外墙保温层施工	2020-3-15	2020-6-10			未开始	业务事项	三级	工程	墙面堵洞、基层处	完成照片及监理确	附件查看
90	外架搭设	2019-10-15	2019-10-31	2019-10-15	2019-12-10	完成	业务事项	三级	工程	脚手架根据主体施	照片	附件查看
91	外防护架拆除	2020-7-20	2020-7-30			未开始	业务事项	三级	工程	外脚手架拆除完毕	照片	附件查看

图 6.5.7-1　项目信息系统

国家会展中心（天津）项目计划模块系统整体运行平稳，节点按时完成率保持在 85% 以上，节点完成率在 90% 以上。

2. BIM 技术应用及管理

（1）本工程体量大，涉及专业多，协调要求高，且工期紧张，社会关注度高，对工程的施工进度、安全管理、质量控制及总承包的综合管理，都提出了严峻的考验。为此，项目确立了一系列以 BIM 技术手段为核心的“3+2”的管理模式，即以全员全专业全过程的 3 个全覆盖、模型数据化和信息可视化的 2 个管理维度为中心的管理方式，以施工过程为主线，以 BIM 技术为平台，以施工人员为基础，以多专业协同为抓手，以信息化平台为纽带，实现管理的“程序化、标准化、信息化、科学化、常态化”。

（2）为保障管理的顺利实施，项目部成立了 BIM 工作室，配备了齐全的 BIM 软硬件资源，以保证 BIM 技术的平稳实施；制定了完整的模型应用标准，并建立了各项会议沟通制度，订立了合约条款，以加强对各单位的管理及约束，保证 BIM 技术管理实施的有序性及实施各方的可控性；同时，项目通过制定《各专业模型绘制标准》、《模型信息录入标准》、深化协同方案、各专业实施策划方案及实施进度方案等，严格规范全专业 BIM 的技术应用。

（3）通过 C8-BIM 管理平台实现数据化管理，以信息模型为基础进行综合管理及工作协同；累计创建管理账号 219 个，录入模型量 161 个，共 11.2GB，并录入相关工程资料 114521 份，以模型为基础解决了 1500 个现场质量安全协同的问题。

通过平台进行了工程建设全过程的追踪，包括进度的追踪、质量的追踪、材料的追踪、安装的追踪、成本的追踪、资料的追踪等。

1）进度的追踪：通过预警提醒、形象监测、平台监管、例会分析等制度对工期进度进行全方位的追踪检测，确保工期任务的及时规划和顺利实施。

2）质量的追踪：为加强工程的质量监管，通过虚拟样板现场交底，以及建立完整的质量协同验收管理体系，保证全工程质量问题有理可依，有据可循。

3）材料的追踪：为合理地进行工程材料用量及现场管理，以模型为基础确认材料清单，并严格把控材料进场的验收、堆放等问题，保证材料管理的可控性。

4）安装的追踪：针对现场庞大的预制构件量，通过平台对构件进行监管，从构件加工、运输到安装、验收等方面及时进行构件的定位追踪，保证构件安装的精确性。

5）成本的追踪：根据施工产值及经济成本的控制曲线，及时对施工管理做出调整，确保工程的高效运营，降本增效。

6）资料的追踪：通过平台进行资料的审核整理，过程信息的变更管理，以及资料与模型的相互关联，以保证工程资料的有序性及模型信息的完整性。

3. 智慧工地应用及管理

为实施对现场信息的实时监测及管理，将智慧工地平台作为现场的信息化抓手，在安全、进度、质量、物资、资料、绿色施工等各方面进行有效的监测及互动，协同工作。

（1）使用人车识别系统进行人员及车辆的进出场管控，在疫情期间，深化管理办法，上传工人姓名、身份证号码、返津前所在地、返程方式、进场温度等综合数据，对所有参建人员状态进行实时追踪，在保证现场安全的前提下平稳施工（图 6.5.7-2）。

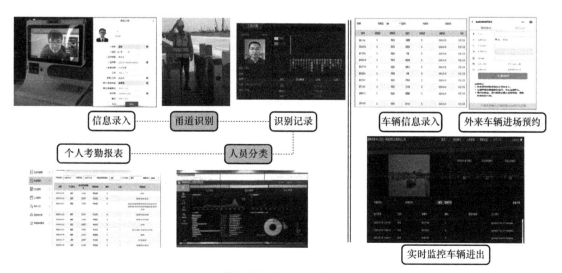

图 6.5.7-2　人车管理

（2）施工现场共安装16路智能违章采集系统，对人员3种不安全行为进行识别及信息采集，锁定工人班组、工种、所在地，并进行违规行为拍照，通过智能广播系统，进行行为纠正，并将采集的数据作为班组考核评比的重要依据（图6.5.7-3）。

（3）安装塔式起重机防碰撞系统，保证大型施工机械的施工安全，并依据采集整理的数据对塔式起重机司机的工作进行考核，保证安全，鼓励生产，奖励先进（图6.5.7-4）。

（4）根据现场实时监测的环境及扬尘数据，按设定值实现24h自动化喷淋降尘，并可

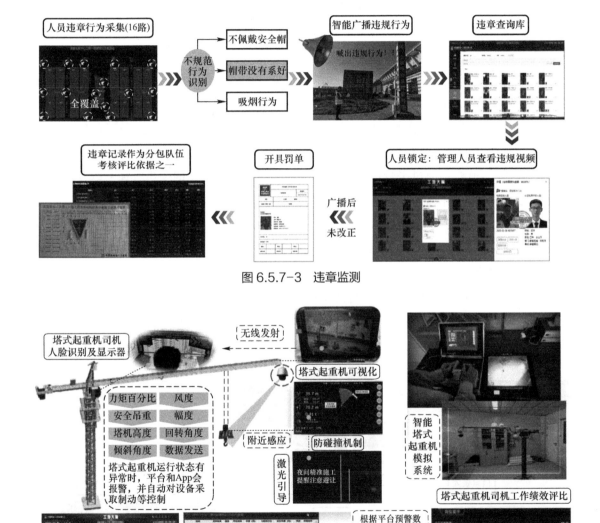

图6.5.7-3　违章监测

图6.5.7-4　塔式起重机防碰撞

通过智能控制系统，根据现场的不同情况，通过平台实施人工干预，远程操控，方便快捷（图6.5.7-5）。

（5）对于现场的水电系统，安装智能水电表及控制系统，实时监测能耗数据，在数据异常时及时报警，根据对实际情况的判断可实现对水电表的远程操控（图6.5.7-6）。

（6）根据BIM模型提取材料用量，在物资进场时采用无人值守智能称重系统，将材料进场数量实时上传至管理平台及手机端，保证材料进场受控（图6.5.7-7）。

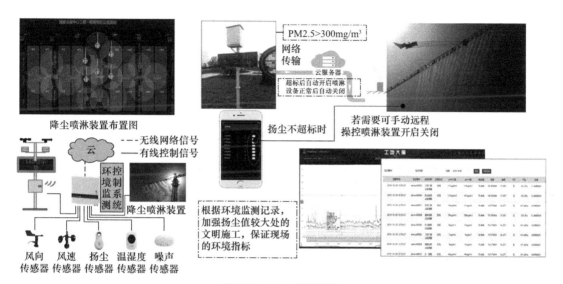

图6.5.7-5　智慧喷淋

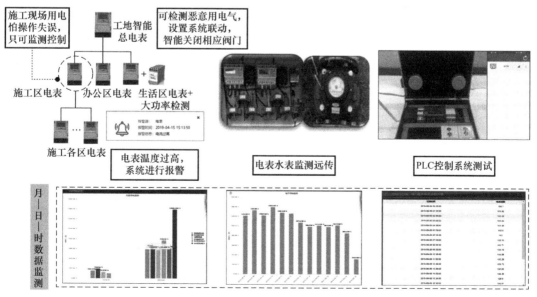

图6.5.7-6　水电监测

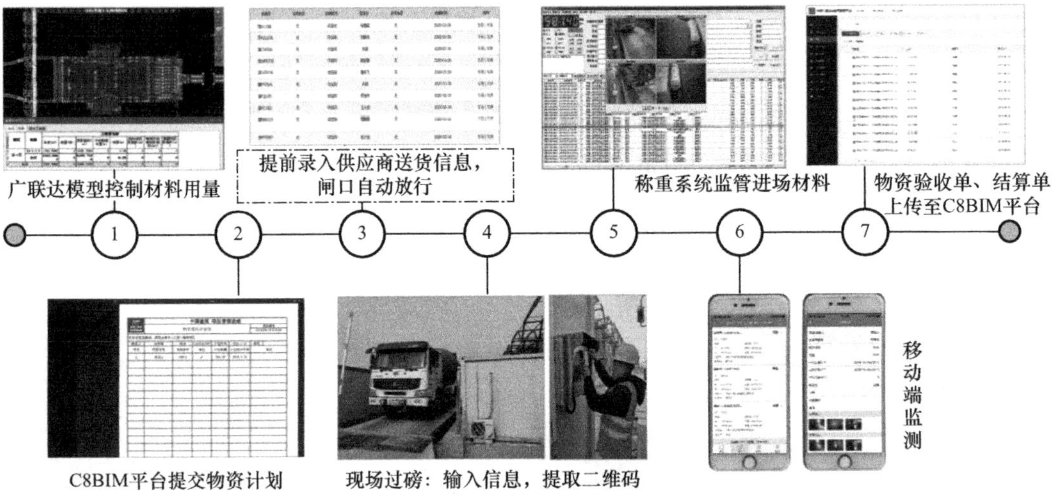

广联达模型控制材料用量 提前录入供应商送货信息，闸口自动放行 称重系统监管进场材料 物资验收单、结算单上传至C8BIM平台

C8BIM平台提交物资计划 现场过磅：输入信息，提取二维码 移动端监测

图 6.5.7-7　智能地磅

6.6　项目管理实施效果

（1）节点工期超前完成：

1）历时 35 天，完成近 3 万根桩基施工，高峰期每天完成近千根，比合同节点工期提前 3 天完成；

2）本工程地下主体结构施工正值雨季，项目克服雨期施工的不利因素，比合同节点工期提前 6 天完成地下主体结构工程，为后续地上钢结构施工提供有利条件；

3）通过前期详细策划、方案对比优化、现场周密部署、过程动态管控，钢结构施工效率大大提高，施工进度显著加快，展厅屋面钢桁架安装施工时间比原计划缩短近 40%；

4）整体地上钢结构施工提前 18 天完成。

（2）科技成果：开工 9 个月，已通过天津市新技术应用示范工程、中建八局新技术应用示范工程、中建八局科技研发项目立项，已获得受理专利 13 项，发表论文 24 篇，完成工法 3 项，获评科技进步奖 1 项；正在对各类科技成果进行进一步总结，各层级评奖工作稳步推进。

（3）安全文明施工管理：项目开工以来未发生任何安全事故，荣获"天津市市级文明工地"和"ISA 国际安全奖"。

（4）人均产值突出：截至 2019 年 12 月份，项目开工 9 个月，完成总产值达 20 亿元，人均月度产值 194 万元。

（5）业主高度认可：每月业主满意度调查均获得 100 分，项目各项工作受到业主高度赞扬。

（6）社会效益显著提升：项目的建设，受到各界高度关注，开工至今，各界领导莅临检查、调研、考察及观摩等活动 105 次，接待 8350 人次。建设过程中天津市委书记、市长、副市长曾在两周内分别对项目进行视察，项目始终保持迎检常态化管理，为公司创造了良好的企业形象和社会效益。

附录 设计岗位人员任职资格表

各岗位人员任职资格

序号	岗位	任职资格	设置人数
1	设计经理	要求具有中级职称，有施工图设计经验，专业不限	由总承包牵头单位选派1人，可以由各设计岗位人员兼任
2	设计秘书	土木建筑机电类专业毕业	不限
3	设计总负责人	需具备一级注册建筑师和高级工程师及以上资格	1人，可以由建筑专业负责人兼任
4	设计技术负责人	需具备一级注册结构工程师和高级工程师及以上资格	1人，可以由结构专业负责人兼任
5	专业负责人	一般要求具有高级工程师任职资格，实施注册制度的专业要求具有注册资格	每专业1人
6	设计人	具有本专业助理工程师资格或工作一年以上	每专业不少于3人
7	校核人	一般要求具有本专业工程师资格	每专业不少于1人
8	审核审定人	一般要求具有本专业高级工程师和注册资格（实施注册制度的专业）	每专业设置审核人、审定人各1人，且不得兼任
9	设计质量管理人员	具有工程师及以上职称	1人，由设计单位或总承包单位技术质量部门委派
10	设计副经理	具有工程师及以上职称	1人，由设计单位委派，可以由各设计岗位人员兼任
11	各专业驻场代表	具有本专业助理工程师资格或工作一年以上	由设计团队各专业选派，每专业至少1人